环境科学专业化学类实验教程

王 刚 编著

中国铁道出版社有限公司

2019年·北 京

内 容 简 介

本书为环境科学专业所涉及化学类课程的实验教材，主要包括化学实验基本知识与基本操作、无机化学实验、分析化学实验、有机化学实验、物理化学实验和环境化学实验等6章，每章实验又分为基础类实验和拓展类实验两部分。实验项目的选取兼具经典性和实用性，旨在培养学生动手能力和解决问题能力等实验综合素质。

本书可作为环境科学专业本科生的实验教材，也可作为环境工程、应用化学等相关专业或相关领域技术人员的实验参考书。

图书在版编目（CIP）数据

环境科学专业化学类实验教程 / 王刚编著 . — 北京：中国铁道出版社有限公司，2019. 8

ISBN 978-7-113-25874-0

Ⅰ. ①环… Ⅱ. ①王… Ⅲ. ①环境化学 – 化学实验 – 高等学校 – 教材 Ⅳ. ① X13-33

中国版本图书馆 CIP 数据核字（2019）第 111289 号

书　　名：环境科学专业化学类实验教程
作　　者：王　刚

策　　划：曹艳芳
责任编辑：曹艳芳　　**编辑部电话：**010-51873162
封面设计：刘　莎
责任校对：苗　丹
责任印制：高春晓

出版发行：中国铁道出版社有限公司（100054，北京市西城区右安门西街 8 号）
网　　址：http://www.tdpress.com
印　　刷：三河市宏盛印务有限公司
版　　次：2019 年 8 月第 1 版　2019 年 8 月第 1 次印刷
开　　本：710 mm × 1 000 mm　1/16　印张：14.5　字数：267 千
书　　号：ISBN 978-7-113-25874-0
定　　价：40.00 元

前　言

环境科学是一门具有较强的交叉性、综合性和实践性的学科。在环境科学专业的教学中，化学课程占有重要的地位；对于培养学生的实践能力和创新能力，化学实验教学显得越来越重要。目前，环境科学专业所学的化学类课程实验没有统一的综合类配套实验教材，各类化学实验课程只强调自身的系统性和完整性，实验内容分散且又有相互交叉，实验系统性不强。此外，目前各类化学实验教材中选取的部分实验存在专业针对性不强、教学学时长、实验危险性大、实验操作难度高以及所用仪器设备昂贵等问题。因此，编写《环境科学专业化学类实验教程》，可以为环境科学专业提供一部系统性较强的化学类实验教材，用来指导相关实验的开设。

本教材涵盖了环境科学专业所学的无机化学、分析化学、有机化学、物理化学、环境化学等化学类课程实验，在内容选取上避免重复，且能体现环境科学专业对化学实验的自身要求，以便指导后续专业课的理论学习和实验操作。本教材编写遵循“兼顾经典性和专业性，兼顾安全性和实用性，兼顾基础性和拓展性”的原则，在每门化学课程的实验中分别设置了6个基础类实验和3个拓展类实验。基础类实验主要综合考虑实验学时数和实验操作性，所选实验尽可能让学生能够在2个学时内完成；且操作简便，在实验教师的指导下能够较容易完成相关实验内容。拓展类实验主要考虑实验的综合性，所选实验可能需花费较多的时间完成；实验操作难度增加，综合性强，可作为学生的开放性实验，利用学生的课外时间完成，以便进一步增强学生的实验动手能力、分析问题和解决问题能力。本教材实验内容的选取结合了环境科学专业后续的专业课，如环境监测、环境工程学等，尽量选择这些专业课涉及的理论课内容，以便增强学生对后续专业课理论知识的认知；且尽量选取实验危险性小、操作性强以及实验基础条件要求不苛刻的实验。本教材内容编写上的主要特点为：实验原理介绍简要、实验试剂溶液配制方法详细、实验步骤操作性强以及实验注意事项指导性强。

在本教材编写过程中，得到了兰州交通大学实验室管理处实验教改项目的经费支持，研究生严亚萍、姜盛基、曾永昌和倪萍在内容录入方面做了一定工作，环境与市政工程学院刘鹏宇、刁静茹和钟金魁老师在部分实验内容的选取和试做等方面做了相关指导。此外，本教材还参阅了一些实验教材、实验手册以及部分网络资料，列在参考文献中。在此编者向他们表示衷心的感谢！限于编者的水平，书中难免存在疏漏和不足之处，敬请各位读者批评指正。

编　者

2019年5月于兰州

目　录

第一章　化学实验基本知识与基本操作

第一节　化学实验基本知识

一、实验室学生守则

在化学实验室，学生需遵守以下学生守则：

1. 必须遵守实验室的各项规章制度，实验时不得大声喧哗，实验室内禁止吸烟和饮食，防止化学试剂入口。

2. 不能穿拖鞋、背心、短裤等暴露过多的服装进入实验室，实验中不得擅自离开实验室。

3. 实验中严格按操作规程进行，若要改变实验步骤时，必须经指导教师同意后方可进行。

4. 实验中随时注意保持实验台面和仪器的整洁，保持水槽畅通。

5. 公用仪器使用后应放回原处，并保持原样；如有损坏，必须及时登记补领。

6. 爱护仪器，节约试剂和水、电等；按规定用量取用药品，药品自瓶中取出后，不能再放回原瓶中；称取药品后，应及时盖好瓶盖，不得擅自将药品拿走。

7. 实验完成后，应将自己所用的仪器洗净，整齐摆放在实验台上；将实验台和试剂架整理、擦拭干净，拔掉电源插头；离开实验室前要洗手。

8. 经指导教师检查、签字后方可离开实验室，值日生负责打扫卫生，离开实验室前应检查水、电、气、门窗是否关闭。

二、实验室安全规则

在进行化学实验时，经常使用腐蚀性、易燃、易爆或有毒的化学试剂，大量使用易损的玻璃仪器和某些精密的分析仪器，为确保实验的正常进行和人身安全，必须严格遵守以下实验室安全规则：

1. 使用浓酸、浓碱等强腐蚀性试剂时需小心，以免溅在皮肤、衣服和鞋袜上，一旦溅上应立即用水冲洗，然后擦净。

2. 使用HF、HCl、HNO_3、H_2SO_4、$HClO_4$、$NH_3 \cdot H_2O$等试剂溶解样品时，应在通风橱中进行操作。

3. 使用有机溶剂要注意防火、防爆、防中毒；使用CCl_4、苯、甲苯等有毒或易燃有机溶剂时要远离火源和热源；低沸点、低闪点的有机溶剂不得在明火或电炉上加热，应在水浴、油浴或可调压电热套中加热；称量药品时应使用工具，不得直接用手接触；使用和处理有毒或腐蚀性物质时，应在通风厨中进行，并戴好防护用品。

4. 保持水槽的清洁和通畅，切勿将固体物品投入水槽中；废纸和废屑应投入垃圾桶内，废液应小心倒入废液桶内（易燃液体除外）集中收集和处理，切勿随意倒入水槽中，以免堵塞或腐蚀下水道以及污染环境。

5. 如果在实验过程中发生着火，应尽快切断电源和燃气源，并选择合适的灭火器材扑灭之；如果着火面积较大，在尽力扑救的同时应及时报警。

三、实验室意外事故处理

在实验过程中如果发生意外事故，可按以下操作进行处理：

1. 割伤：伤口处不能用手抚摸，也不能用水洗涤；若是玻璃割伤，应先把碎玻璃从伤口处挑出；轻伤可贴上“创可贴”，也可涂以紫药水，必要时撒些消炎粉，再用绷带包扎。

2. 烫伤：不要用冷水洗涤伤处；伤口处皮肤未破时，可涂些饱和碳酸氢钠溶液，也可涂烫伤膏或万花油；如果皮肤已破，可涂些紫药水或高锰酸钾溶液。

3. 酸腐伤：先用大量水冲洗，再用饱和碳酸氢钠溶液（或稀氨水、肥皂水）清洗，最后再用水冲洗；如果酸液溅入眼内，立即用大量水长时间冲洗，再用2%硼砂溶液洗眼，最后用水冲洗。

4. 碱腐伤：先用大量水冲洗，再用2%乙酸溶液或饱和硼酸溶液洗涤，然后再用水冲洗；如果碱液溅入眼内，立即用大量水长时间冲洗，再用3%硼酸溶液洗眼，最后用水冲洗。

5. 吸入刺激性或有毒气体：吸入氯气、氯化氢气体时，可吸入少量酒精和乙醚混合气体来解毒；吸入硫化氢或一氧化碳气体而感到不适时，应立即到室外呼吸新鲜空气；氯气、溴中毒不可进行人工呼吸。

6. 火灾：发生火灾后不要惊慌，要立即一边灭火，一边防止火势蔓延，可采取切断电源、移走易燃药品等措施；灭火时要根据起火的原因选用合适的方法，一般小火可用湿布、石棉布或沙子覆盖燃烧物，火势大时可使用泡沫灭火器；电器设备所引起的火灾只能使用二氧化碳或四氯化碳灭火器灭火，不能使用泡沫灭火器，以免触电。

四、实验课要求

为了完成实验教学任务，对学生提出以下要求：

1. 认真做好实验课前的预习，认真阅读有关教材和参考资料，理解实验原理，熟悉实验步骤，明确实验注意事项；做好预习报告，无预习报告，不能进入实验室。

2. 在实验过程中既要动手，更要动脑；认真操作，仔细观察，积极思考；并如实记录实验现象和实验数据，原始实验数据必须记录在专用的实验报告上。

3. 严格遵守操作规程，在使用不熟悉的仪器和试剂以前，应查阅有关书籍或请教指导教师，以免发生意外事故。

4. 自觉遵守实验室规则，保持实验室内安静、整洁，实验台上清洁、有序，要树立环保意识，注意节约实验资源（如试剂、实验用水等），废液要按规定处理或排放。

5. 实验结束后应仔细清理和洗涤所用的实验仪器和器皿，关闭电、水、气闸（阀），经指导老师签字后方可离开实验室；实验后应及时整理、计算和分析实验数据和实验现象，认真书写实验报告。

五、实验报告书写要求

实验结束后完成实验报告的过程是对实验进行提炼、归纳和总结的过程，能进一步消化所学的知识，培养分析问题的能力。因此，要重视实验报告的书写。

实验报告一般应包括：实验名称、实验目的、实验原理、简要步骤、实验现象和数据记录、数据处理、实验结果分析与讨论、思考题解答等内容。具体要求如下。

1. 预习报告

主要完成实验名称、实验目的、实验原理、简要步骤、数据记录表格，并在表格旁留有空白处记录实验现象。记录实验数据时应注意以下事项：

（1）实验中直接观察得到的数据称为原始数据，它们应该直接记录在实验预习报告上，不允许随意更改和删减。

（2）数据记录的格式一般采用表格式，记录数据的有效位数应与所用仪器的最小读数相一致。

（3）实验结束后，应将实验数据仔细复核后并报指导教师核查签字后方能离开实验室。

2. 实验报告

主要完成实验数据的处理、实验结果的分析与讨论、思考题的解答等。实验数据处理时应注意以下事项：

（1）实验结果应以多次测定的平均值表示。

（2）以何种形式表示实验结果要与实验要求相一致，必要时给出实验结果计算公式；如果在测试前曾对样品进行过稀释，则最后结果应折算为未稀释前原试样中的含量。

（3）实验结果数据的有效数字位数要与实验中测量数据的有效数字相一致。

实验报告的书写格式可参见以下模板。

________化学实验报告

班级：__________姓名：__________学号：__________组号：__________

同组人姓名：__________实验时间：__________指导教师：__________

实验名称：

实验目的：

仪器与试剂（简要列出）：

实验原理：

实验内容与步骤：

实验数据记录与处理：

思考题：

第二节　化学实验基本操作

一、实验试剂的存放与取用

化学试剂存放的一般原则为：固体试剂应装在广口瓶内，液体试剂应盛放在细口瓶或滴瓶内；见光易分解的试剂应装在棕色瓶内，盛放碱液的试剂瓶要用橡皮塞；每个试剂瓶上都要贴上标签，标明试剂的名称、浓度和配制日期。

试剂的取用一般分为液体试剂的取用和固体试剂的取用。

1. 液体试剂的取用

向试管中滴加液体试剂时，必须注意保持滴管垂直，避免倾斜，切勿倒立，防止试剂流入橡皮头内而将试剂弄脏。滴加试剂时，滴定的尖端不可接触容器内壁，应在容器口上方将试剂滴入；也不得把滴管放在原滴瓶以外的任何地方，以免被杂质污染。具体操作如图1.1所示。

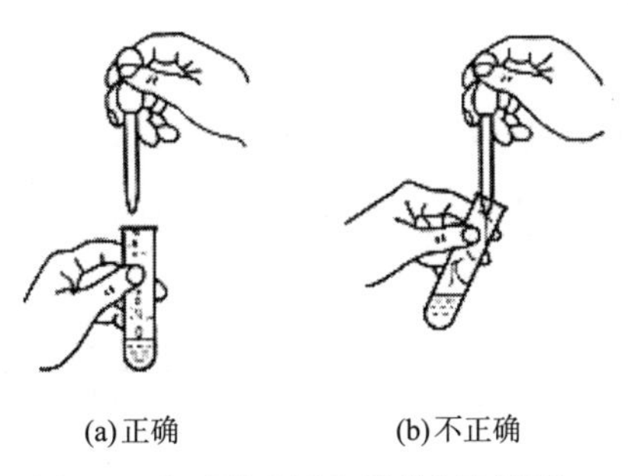

(a)正确　　(b)不正确

图1.1　向试管中滴加液体试剂操作

用倾注法取用液体试剂时，应取出瓶盖倒放在桌上，右手握住瓶子，使试剂标签朝上，让瓶口靠住容器壁，缓慢倾出所需液体，让液体沿着杯壁往下流。若所用容器为烧杯，则倾注液体时可用玻璃棒引流。用完后，即将瓶盖盖上。具体操作如图1.2所示。

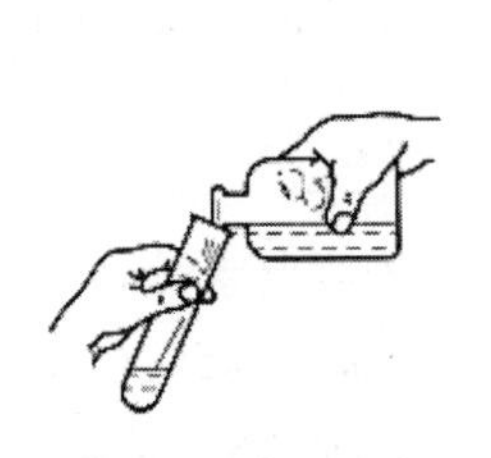

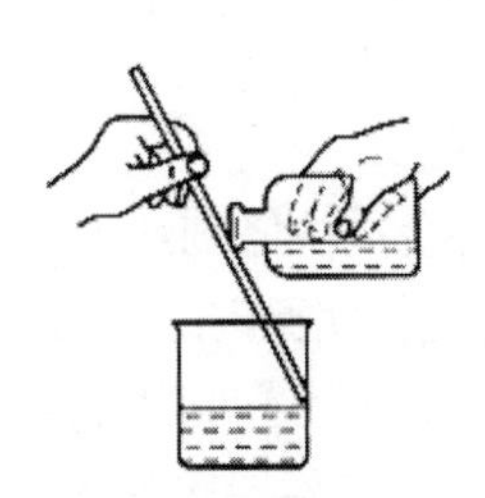

(a)往试管中倒入液体试剂　　(b)往烧杯中倒入液体试剂

图1.2　从试剂瓶中取用液体试剂操作

加入反应器内所有液体的总量不得超过总容量的2/3，若用试管不能超过总容量的1/2。

2. 固体试剂的取用

（1）固体试剂要用干净的药匙取用。

（2）药匙两端分别为大小两个匙，取较多的试剂时用大匙，取少量的试剂时用小匙。取试剂前首先用吸水纸将药匙擦拭干净。取出试剂后，一定要把瓶塞盖严，并将试剂瓶放回原处，再次将药匙洗净和擦干。

（3）要求称取一定质量的固体时，可先把固体放在称量纸上或表面皿上，再在天平上称量。具有腐蚀性或易潮解的固体不能放在纸上，而应放在玻璃容器内进行称量。要求准确称取一定质量的固体时，可在分析天平或电子天平上用直接法或减量法称取。

二、玻璃仪器的洗涤与干燥

1. 玻璃仪器的洗涤

玻璃仪器洗涤是化学实验中最基本的一种操作。玻璃仪器的洗涤是否符合要求，直接影响实验结果的准确性和可靠性。所以实验前必须将玻璃仪器洗涤干净，仪器用过之后要立即清洗，避免残留物质固化，造成洗涤困难。

玻璃仪器的洗涤方法有很多，应根据实验要求、污物的性质和沾污程度来选择相应的洗涤方法。

（1）水洗

直接用自来水刷洗可以洗去水溶性污物，也可刷掉附着在仪器表面的灰尘和不溶性物质，但该方法不能洗去玻璃仪器上的有机物和油污。洗涤方法是：在拟洗的仪器中加入少量水，用毛刷轻轻刷洗，再用自来水冲洗几次。注意刷洗时不能用秃顶的毛刷，也不能用力过猛，否则会戳破仪器。

（2）用去污粉、肥皂刷洗

去污粉由碳酸钠、白土、细砂等组成，能除去油污和一些有机物。由于去污粉中细砂的摩擦作用和白土的吸附作用，洗涤效果更好。洗涤时，可用少量水将要洗的仪器润湿，用毛刷蘸取少量去污粉刷洗仪器的内外壁，最后用自来水冲洗，以除去仪器上的去污粉。

（3）用洗衣粉、合成洗涤剂洗

在进行精确的定量实验时，对仪器的洁净程度要求较高，一些具有精确刻度、形状特殊的仪器不宜用上述方法洗涤，可用0.1% ~ 0.5%浓度的洗衣粉或合成洗涤剂洗涤。洗涤时，可往容器内加入少量配好的洗涤液，摇动数分钟后，把洗涤液倒回原瓶，然后用自来水把器壁上的洗涤液洗去。

(4)用铬酸洗液洗

铬酸洗液是将等体积的浓硫酸和饱和重铬酸钾混合配制而成,它的强氧化性足以除去器壁上的有机物和油污。对于用上述方法仍洗不净的仪器可加铬酸洗液采用先浸后洗的方法进行清洗。对一些管细、口小、毛刷不能刷洗的仪器,采取这种洗法效果很好。用铬酸洗液清洗时,先用洗液将仪器浸泡一段时间,对口小的仪器可先向仪器内加入体积为仪器容积1/5的洗液,然后将仪器倾斜并慢慢转动仪器,目的是让洗液充分浸润仪器内壁,然后将洗液倒出。如果仪器污染程度很严重,采用热洗液效果会更好些;但加热洗液时,要防止洗液溅出,洗涤时也要格外小心,防止洗液外溢,以免灼伤皮肤。铬酸洗液具有强腐蚀性,使用时千万不能用毛刷蘸取洗液刷洗仪器;如果不慎将洗液洒在衣物、皮肤或桌面时,应立即用水冲洗。废的洗液应倒在废液缸里,不能直接倒入水槽,以免腐蚀下水道和污染环境。

使用铬酸洗液时要注意以下几点:①被洗涤的仪器内不宜有水,以免洗液被冲稀而失效;②洗液吸水性很强,应随时把洗液瓶的盖盖紧,以防洗液吸水而失效;③六价铬有毒,清洗残留在仪器上的洗液时,第一、二遍洗涤水不要倒入下水道,以免腐蚀管道和污染环境,应作回收处理;④洗液用完后,应倒回原瓶,反复多次使用;多次使用后,铬酸洗液会变成绿色,此时洗液已不具有强氧化性,不能再继续使用。

(5)特殊污物的去除

应根据沾在器壁上各种物质的性质,采用合适的方法或试剂来处理。例如,沾在器壁上的二氧化锰用浓盐酸来处理,就很容易除去。

根据上述洗涤方法,玻璃仪器的洗涤一般遵循以下原则:

① 一般的器皿如烧杯、锥形瓶、试剂瓶、表面皿等,可用刷子蘸取去污粉或洗涤剂直接刷洗内外壁。

② 移液管、容量瓶等量器内壁的清洗不用刷子,以免受机械磨损而影响容积的准确性,也不宜用强碱性洗涤剂来洗涤。

③ 量器内壁若有自来水无法洗去的污物时,可选用合适洗涤剂浸泡,必要时可将洗涤剂加热。

④ 铬酸洗液具有很强的氧化能力且对玻璃的腐蚀极小,洗涤效果好;但因六价铬是环境污染物质,对人体有害,不宜多用。

⑤ 称量瓶、容量瓶、碘量瓶、干燥器等具有磨口塞、盖的器皿,在洗涤前最好用线拴好塞、盖,以免洗涤中“张冠李戴”,破坏磨口处的密封性。

⑥ 比色皿是用光学玻璃制作的,不能用毛刷刷洗,可采用热水浸泡的方法洗涤。

采用上述各种方法洗涤后的仪器，经自来水多次、反复地冲洗后，还会留有Ca^{2+}、Mg^{2+}、Cl^-等离子，只有在实验中不允许存在这些杂质离子时，才有必要用蒸馏水或去离子水将它们洗去，否则用蒸馏水或去离子水冲洗仪器是不必要的。用蒸馏水或去离子水洗涤仪器时，应遵循“少量多次”的原则，一般以洗3次为宜。已洗干净的仪器应清洁透明，当把仪器倒置时，可观察到器壁上只留下一层均匀的水膜而不挂水珠。凡已经洗净的仪器内壁，绝不能再用布或纸去擦拭，否则，布或纸的纤维将会留在器壁上，反而沾污了仪器。

2. 玻璃仪器的干燥

根据不同情况，可采用下列方法将洗净的玻璃仪器进行干燥。

（1）晾干

实验结束后，可将洗净的仪器倒置在干燥的实验柜内（倒置后不稳的仪器应平放）或放在仪器架上晾干，以供下次实验使用。

（2）烤干

烧杯和蒸发皿可以放在石棉网上用小火烤干；试管可直接用小火烤干，操作时应将管口向下，并不时来回移动试管，待水珠消失后，将管口朝上，以便水汽逸去。

（3）烘干

将洗净的仪器放进烘箱中烘干，放进烘箱前要先把水沥干，放置仪器时，仪器的口应朝下；也可将仪器套在“气流烘干机”的杆子上进行烘干。量器不可采用烘干的方法。

实验室一般使用的烘箱是恒温干燥箱，主要用于干燥玻璃仪器或无腐蚀性、热稳定性好的药品。使用时应先调好温度（烘玻璃仪器一般控制在100 ~ 110℃）。刚洗好的仪器应将水沥干后再放入烘箱中。烘仪器时，将烘热干燥的仪器放在上边，湿仪器放在下边，以防湿仪器上的水滴到热仪器上造成仪器炸裂。热仪器取出后，不要马上碰冷的物体，如冷水、金属用具等。带旋塞或具塞的仪器，应取下塞子后再放入烘箱中烘干。

（4）用有机溶剂干燥

在洗净仪器内加入少量有机溶剂（最常用的是酒精和丙酮），转动仪器使容器中的水与其混合，倒出混合液（回收），晾干或用电吹风将仪器吹干，不能放在烘箱内干燥。

（5）综合法

带有刻度的容器不能用加热的方法进行干燥，一般可采用晾干或有机溶剂干燥的方法，吹风时宜用冷风。

三、常用玻璃仪器的使用

定量分析常用的仪器中大部分为玻璃制品，根据其性能可分为可加热的（如各类烧杯、烧瓶、试管等）和不宜加热的（如量筒、容量瓶、试剂瓶等）；按用途可分为容器类（烧杯、试剂瓶等）、量器类（如滴定管、移液管、容量瓶等）和特殊用途类（如干燥器、漏斗等）。化学实验中常用仪器如图 1.3 所示。

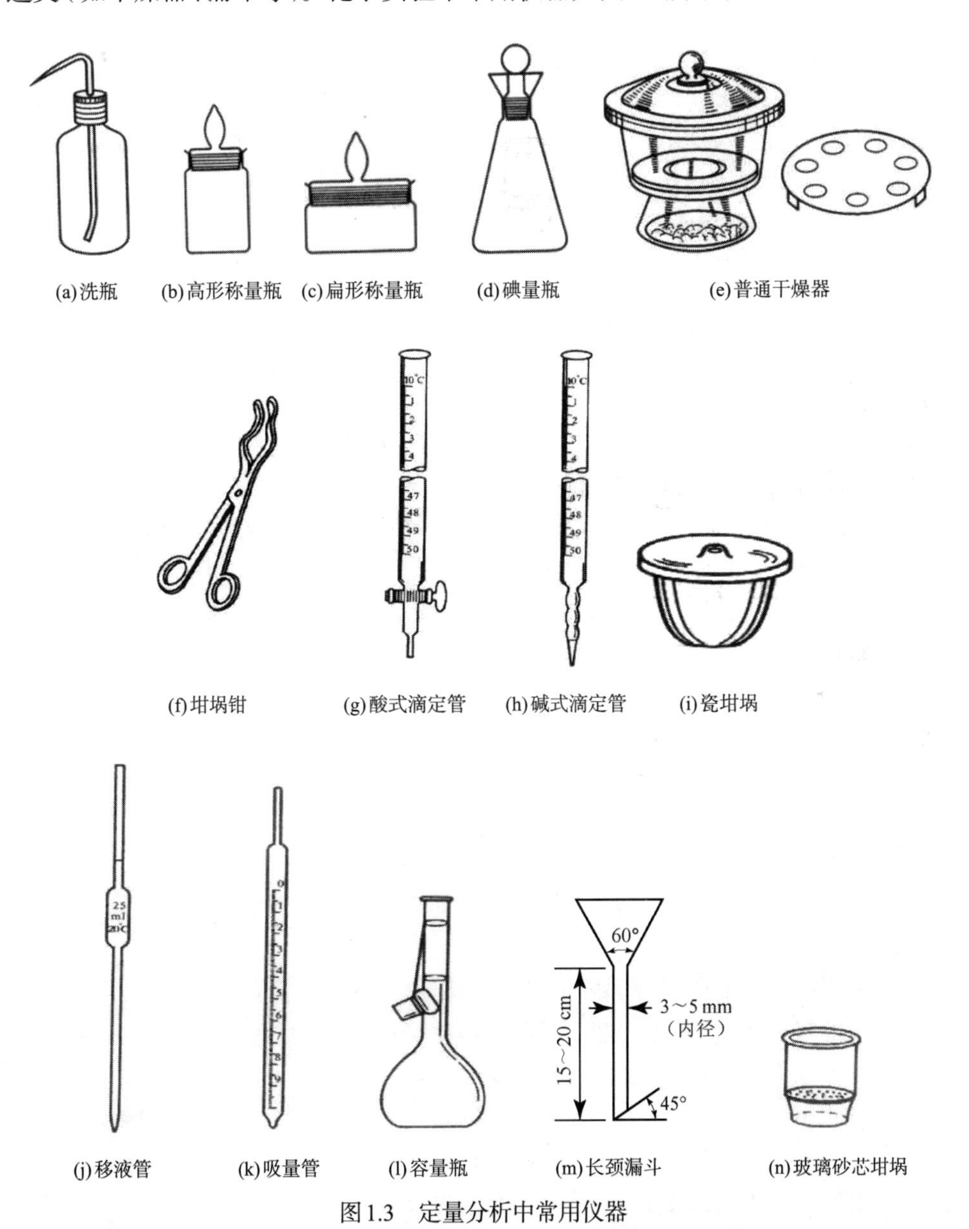

图 1.3　定量分析中常用仪器

化学实验中常用的玻璃量器可分为量入容器（容量瓶、量筒、量杯等）和量出容器（滴定管、吸量管、移液管等）两类，前者液面的对应刻度为量器内的容积，后者液面的相应刻度为已放出的溶液体积。下面将经常使用的玻璃度量仪器量筒、移液管、容量瓶和滴定管的操作方法作一介绍。

1. 量筒

量筒是一种外部有容积刻度的玻璃仪器，可用来量取液体体积。量筒的精度比量杯高，但二者都不能用于精确测量，只能用来测量液体的大致体积。常用量筒的容积有5 mL、10 mL、25 mL、50 mL、100 mL、500 mL、1 000 mL和2 000 mL等规格，可根据需要选用。

量取液体时，应使眼睛的视线和量筒内弯月面底部保持在同一水平面上进行观察，读取弯月面最低点的刻度。

量筒不能放入高温液体，也不能用来稀释硫酸或溶解氢氧化钠。用量筒量取不润湿玻璃的液体（如水银）时，应读取液面最高部位。量筒容易倾倒而损坏，用完后应放在平稳之处。

2. 移液管和吸量管

移液管是用于准确量取一定体积液体的量出式玻璃量器，通常将无分刻度吸管称为移液管，将有分刻度的移液管称为吸量管。

移液管的中腰膨大，上下两端细长，上端刻有环形标线，膨大部分标有它的容积和标定时的温度。常用移液管的容积有1 mL、2 mL、5 mL、10 mL、25 mL、50 mL和100 mL等多种规格。由于读数部分管径小，其准确性较高。将液体吸入移液管内，使液面与标线相切，再放出，则放出的液体体积就等于管上标示的容积。

吸量管具有分刻度，可以准确量取所需刻度范围内某一体积的液体，但其准确度不如移液管。常用吸量管的容积有1 mL、2 mL、5 mL、10 mL和25 mL等多种规格。将液体吸入，读取与液面相切的刻度，然后将液体放出至适当刻度，两刻度之差即为放出液体的体积。

移液管和吸量管（以下统称为移液管）的正确使用方法如下：

（1）洗涤和润洗

移液管在使用前应清洗到内壁不挂水珠，即：将移液管插入洗液中，用洗耳球将洗液慢慢吸至管容积的1/3处，用食指按住管口，把管横过来淌洗，然后将洗液放回原瓶。如果内壁严重污染，应把移液管放入盛有洗液的大量筒或高型玻璃容器中，浸泡15 min以上，取出后用自来水和纯水冲洗，然后用纸擦干外壁。

移取溶液前，先用洗耳球将少量该溶液吸入管内，每次约吸至移液管球部的1/4处，用其将管内壁润洗2 ～ 3次，以保证移取溶液的浓度不变。

（2）移液、放液操作

用一只手的拇指和中指拿住移液管标线的上方，无名指和小指辅助拿住；然后将移液管管尖口插入被移取溶液液面下1 ～ 2 cm深处。另一只手将洗耳球捏瘪，把尖嘴对准移液管上管口，慢慢放松洗耳球，使溶液吸入管中。当溶液被吸至稍高于刻度线时，迅速移去洗耳球，立即用食指按住管口。取出移液管，使管尖口靠在容器壁上；稍微放松食指，让移液管在拇指和中指间微微转动，让溶液缓缓流出；同时平视刻度，到溶液弯月面下端与刻度相切时，立即用食指按紧管口，使溶液不再流出。

取出移液管，使准备接受溶液的容器倾斜成45°，将移液管移入容器中，移液管保持竖直，管尖口靠着容器内壁，放开食指，让溶液自由流出。待溶液全部流出后，再停顿约15 s，取出移液管。移液管用完后洗净，放在移液管架上。

移液管的移液、放液操作如图1.4所示。

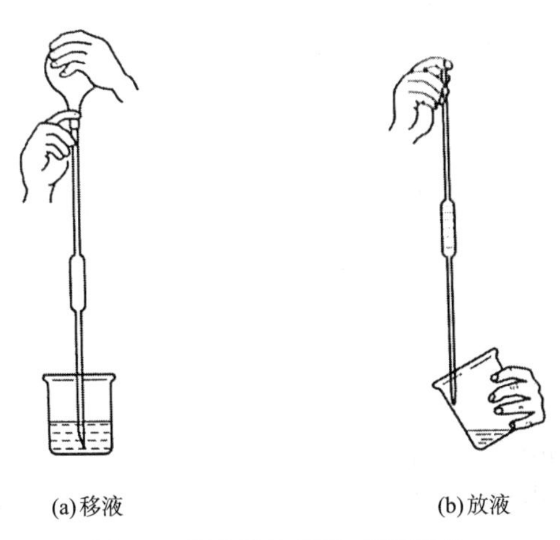

(a)移液　　(b)放液

图1.4　移液管的移液、放液操作

（3）使用注意事项

① 在润洗移液管时，勿使管中润洗的溶液流回到原溶液中；润洗过的溶液应从管尖口放出、弃去。

② 吸取液体时，必须使用洗耳球，切勿用口吸。

③ 在取液过程中，注意保持管口在液面之下，以防产生空吸现象；但不能伸入太深，否则会使管的外壁沾上过多溶液，影响移取体积的准确性。

④ 吸液时，应注意容器中液面和管尖的位置，应使管尖随液面下降而下降。

⑤ 在使用非吹出式移液管时，切勿把残留在管尖口的溶液吹出；个别移液管上标有“吹”字的，才能把残留在管尖口的溶液吹到接受容器中。

⑥保护好移液管的尖嘴部分，用完洗干净后及时放在移液管架上，以免沾污或在实验台上滚动打坏。

⑦公用移液管在实验完毕后应立即清洗干净。

3. 容量瓶

容量瓶是一种细颈梨形的平底瓶，带有磨口玻璃塞或塑料塞，瓶颈上刻有标线，属于量入型精密容器。容量瓶上标有容积和标定时的温度；大多数容量瓶只有一条标线，当液体充满至标线时，瓶内所装液体的体积和瓶上标示的容积相同。常用容量瓶的容积有10 mL、25 mL、50 mL、100 mL、250 mL、500 mL、1 000 mL等多种规格。容量瓶主要用于把精密称量的物质准确地配成一定容积的溶液，或将准确容积的浓溶液稀释成准确容积的稀溶液，这种过程通常称为“定容”。

容量瓶的正确使用方法如下：

（1）容量瓶检查、清洗

使用容量瓶前应先检查瓶塞是否漏水，具体方法为：加自来水至刻度标线附近，盖好瓶塞。用一只手的食指按住塞子，其余手指拿住瓶颈标线以上部位；另一只手的指尖拖住瓶底边缘。将容量瓶倒立2 min，若不漏水，将瓶直立，旋转瓶塞180° 后，再倒立2 min，仍不漏水方可使用。

使用容量瓶前还应检查刻度标线距离瓶口是否太近，若太近，则不便混匀溶液，不宜使用。

容量瓶使用前也需清洗，具体洗涤原则和方法见前述“玻璃仪器的洗涤”的相关内容。

（2）溶液配制

用容量瓶配制标准溶液或分析试液时，通常将固体药品准确称量后置于小烧杯中，加少量蒸馏水（或其他溶剂）使固体溶解，然后将溶液定量转入容量瓶中。定量转移溶液时，一只手拿玻璃棒，另一只手拿烧杯，使烧杯嘴紧靠玻璃棒，而玻璃棒则悬空伸入容量瓶中，玻璃棒的下端要靠在容量瓶瓶颈内壁，使溶液沿玻璃棒和瓶内壁流入容量瓶中。烧杯内溶液流尽后，将烧杯稍微顺玻璃棒上提，使附在玻璃棒、烧杯嘴之间的溶液滴回到烧杯中。再用洗瓶挤出的蒸馏水冲洗烧杯5次以上，每次按上法将洗涤液完全转移入容量瓶中，然后用蒸馏水稀释至容量瓶容积的3/4处时，将容量瓶拿起并向同一方向旋摇容量瓶几周，使溶液初步混合，此时不能加盖瓶塞，更不能倒转容量瓶。继续加蒸馏水至距标线1 cm处时，等待1 ~ 2 min以使附在容量瓶瓶颈内壁的溶液流下；然后用细长滴管或洗瓶加蒸馏水至弯月面最低点恰好与容量瓶刻度标线相切。盖紧瓶塞，一只手食指压住瓶塞，另一只手的大、中、食指三个指头托住瓶底，倒转容量瓶，使瓶内气泡上升到顶部，摇动数次，再倒过来，如此反复倒转摇动十多次，使瓶内溶液充分混合均匀。

当用容量瓶稀释溶液时，用移液管移取一定体积的溶液于容量瓶中，加蒸馏水至容量瓶刻度标线，按上述方法混匀溶液。

容量瓶的检查、溶液的配制以及溶液的转入等操作如图1.5所示。

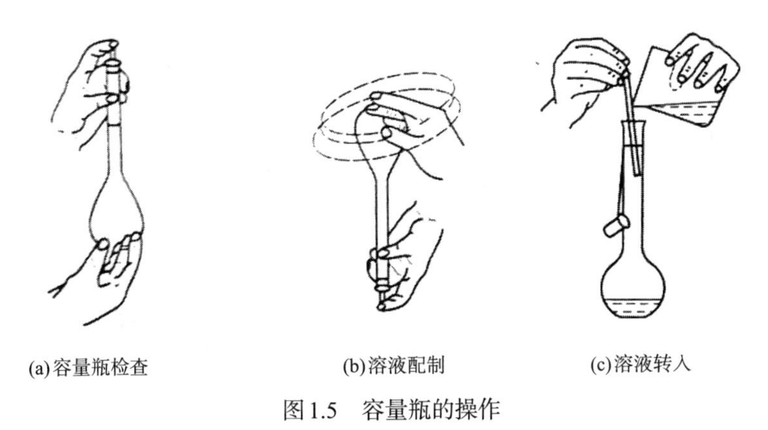

(a)容量瓶检查　(b)溶液配制　(c)溶液转入

图1.5　容量瓶的操作

(3)使用注意事项

①温度对容量瓶的容积有影响，使用时需注意溶液的温度与容量瓶上标示的温度相一致。

②容量瓶不能在烘箱中烘烤，也不能在电炉等加热器上直接加热。

③为了使容量瓶倒转时溶液不致漏出，瓶塞与容量瓶必须配套。

④容量瓶配套的瓶塞应挂在瓶颈上，以免沾污、丢失或打碎。

⑤若固体是经过加热溶解的，则溶液必须冷却后再转移到容量瓶中。

⑥容量瓶内不宜长期保存试剂溶液，若溶液需使用较长时间，应将其转移入洁净、干燥的试剂瓶中。

⑦容量瓶使用完毕应立即用水冲洗干净。

⑧容量瓶长时间不使用时，磨口处应洗净擦干，并在瓶与塞之间垫一小纸片，以防粘连。

4. 滴定管

滴定管是滴定时用来准确测量流出操作溶液体积的玻璃量器。常量分析最常用的滴定管容积为10 mL、25 mL、50 mL和100 mL，滴定管最小刻度是0.1 mL，最小刻度间可估计到0.01 mL，因此读数可达小数点后第二位，一般读数误差为±0.02 mL。

滴定管一般分为两种：一种是具塞滴定管，常称为酸式滴定管；另一种是无塞滴定管，常称为碱式滴定管。酸式滴定管用来装酸性、中性或氧化性溶液，但不适于装碱性溶液，因为碱性溶液能腐蚀玻璃，时间长一些，旋塞便不能转动。碱式滴定管的一端连接一橡皮管或乳胶管，管内装有玻璃珠，以控制溶液的流出，橡皮管或乳胶管下面接一尖嘴玻璃管；碱式滴定管用来装碱性或无氧化性溶液，凡是能与橡皮起反应的溶液，如高锰酸钾、碘和硝酸银等溶液，都不能装入碱式滴定管。滴定管有无色的和棕色的，棕色滴定管用来装见光易分解的溶液，如高锰酸钾和硝酸银等溶液。

滴定管的正确使用方法如下：

（1）酸式滴定管的准备

酸式滴定管是滴定分析中经常使用的一种滴定管。除了强碱溶液外，其他溶液作为滴定液时一般均采用酸式滴定管。

酸式滴定管使用前，首先应检查旋塞与旋塞套是否配合紧密，如不密合，将会出现漏液现象，则不宜使用；其次，应进行充分的清洗，根据沾污的程度，可采用的清洗方法为：

① 用自来水冲洗。

② 用滴定管刷蘸合成洗涤剂刷洗，但铁丝部分不得碰到管壁，若用泡沫塑料刷代替毛刷更好。

③ 用前法不能洗净时，可用铬酸洗液洗。加入5 ~ 10 mL铬酸洗液，边转动边将滴定管放平，并将滴定管口对着洗液瓶口，以防洗液流出。洗净后将一部分洗液从管口放回原瓶，最后打开旋塞，将剩余的洗液从出口管放回原瓶，必要时可加满洗液进行浸泡。

④ 根据具体情况采用针对性洗涤液进行清洗。例如：管内壁残留有二氧化锰时，可选用亚铁盐溶液或过氧化氢加酸溶液进行清洗；被油污等沾污的滴定管可采用合适的有机溶剂清洗。

用各种洗涤剂清洗后，都必须再用自来水将滴定管充分洗净，并将管外壁擦干，以便观察内壁是否挂水珠。

为使旋塞转动灵活并克服漏液现象，需将旋塞涂油（如凡士林油等），具体操作方法为：

① 取下旋塞小头处的小橡皮圈，再取出旋塞。

② 用吸水纸将旋塞和旋塞套擦干，并注意勿使滴定管壁上的水再次进入旋塞套。

③ 用手指将油脂涂抹在旋塞的大头上，另用纸卷或火柴梗将油脂涂抹在旋塞套的小口内侧；也可用手指均匀地涂一薄层油脂于旋塞两头。油脂涂得太少，旋塞转动不灵活，且易漏液；涂得太多，旋塞孔容易被堵塞。不论采用哪种方法，都不要将油脂涂在旋塞孔上、下两侧，以免旋转时堵塞旋塞孔。具体操作如图1.6所示。

图1.6　涂抹凡士林操作

④将旋塞插入旋塞套中，插时旋塞孔应与滴定管平行，径直插入旋塞套，不要转动旋塞，可以避免将油脂挤到旋塞孔中去；然后向同一方向旋转旋塞柄，直到旋塞和旋塞套上的油脂层全部透明为止，套上小橡皮圈。

经上述处理后，旋塞应转动灵活，油脂层没有纹络。涂油后，滴定管需进行检漏，具体操作如下：用自来水充满滴定管，将其放在滴定管架上静置约2 min，观察有无水漏下；然后将旋塞旋转180°，再如前检查；若漏水，应该拔出旋塞，用吸水纸将旋塞和旋塞套擦干后重新涂油；若出口管尖被油脂堵塞，可将其插入热水中温热片刻，然后打开旋塞，使管内的水突然流下，将软化的油脂冲出；油脂排出后即可关闭旋塞。

检漏完成后，将滴定管管内的自来水从管口倒出，出口管内的水从旋塞下端放出；注意从管口将水倒出时，不可打开旋塞，否则旋塞上的油脂会冲入滴定管，使内壁重新被沾污。放完自来水后，用蒸馏水清洗3次，第1次用10 mL左右，第2次、第3次各5 mL左右。洗涤时，双手持滴定管管身两端无刻度处，边转动边倾斜滴定管，使水布满全管并轻轻振荡；然后直立，打开旋塞将水放掉，同时冲洗出口管。也可将大部分水从管口倒出，再将其余的水从出口管放出。每次放掉水时应尽量不使水残留在管内，最后将管的外壁擦干。

（2）碱式滴定管的准备

使用前应检查乳胶管和玻璃珠是否完好，若胶管已老化，玻璃珠过大（不易操作），或过小（容易漏水），应予更换。

碱式滴定管的洗涤方法与酸式滴定管相同。在需要用洗液洗涤时，可除去乳胶管，用塑料乳头堵塞碱式滴定管下口进行洗涤。若必须用洗液浸泡，则将碱式滴定管倒夹在滴定管架上，管口插入洗液瓶中，乳胶管处连接抽气泵，用手捏玻璃珠处的乳胶管，吸取洗液，直到充满全管，然后放手，让其浸泡；浸泡完毕，轻轻捏乳胶管，将洗液缓慢放出。也可更换一根装有玻璃珠的乳胶管，将玻璃珠往上捏，使其紧贴在碱式滴定管的下端，这样便可直接倒入洗液浸泡。

在用自来水冲洗或用蒸馏水清洗碱式滴定管时，应特别注意玻璃珠下方死角处的清洗。因此，在捏乳胶管时应不断改变方位，使玻璃珠的四周都被洗到。

（3）操作溶液的装入

装入操作溶液前，应将试剂瓶中的溶液摇匀，使凝结在瓶内壁上的水珠混入溶液。混匀后将操作溶液直接倒入滴定管中，不得用其他容器（如烧杯、漏斗等）来转移。此时，左手前三指持滴定管上部无刻度处，并可稍微倾斜，右手拿住细口瓶往滴定管中倒溶液。小瓶可以手握瓶身（瓶签向手心），大瓶则放在桌上，手拿瓶颈使瓶慢慢倾斜，让溶液慢慢沿滴定管内壁流下。

用摇匀的操作溶液将滴定管洗3次（第1次10 mL，大部分溶液可由上口倒出，第2次、第3次各5 mL，可以从出口管放出，洗法同前）。注意一定要使操作溶液洗遍全部内壁，并使溶液接触管壁1 ~ 2 min，以便与原来残留的溶液混合均匀。每次都要打开旋塞冲洗出口管，并尽量放出残留液。对于碱式滴定管，应注意玻璃珠下方的洗涤。最后关好旋塞，将操作溶液倒入，直到充满至"0.00"刻度以上为止。

注意检查滴定管的出口管是否充满溶液，酸式滴定管出口管和旋塞透明，容易检查；碱式滴定管则需对光检查乳胶管内和出口管内是否有气泡或有未充满的地方。为使溶液充满出口管，在使用酸式滴定管时，右手拿滴定管上部无刻度处，并使滴定管倾斜约30°，左手迅速打开旋塞使溶液冲出（下面用烧杯接溶液），这时出口管中应不再留有气泡；若气泡仍未能排出，可重复操作；若仍不能使溶液充满，可能是出口管未洗净，必须重洗。在使用碱式滴定管时，装满溶液后，应将其垂直地夹在滴定管架上，左手拇指和食指拿住玻璃珠所在部位并使乳胶管向上弯曲，出口管斜向上；然后在玻璃珠部位往一旁轻轻捏橡皮管，使溶液从管口喷出（下面用烧杯接溶液）；再一边捏乳胶管一边把乳胶管放直，注意应在乳胶管放直后，再松开拇指和食指，否则出口管仍会有气泡。最后将排出气泡的滴定管外壁擦干。

（4）滴定管的读数

滴定管读数时应遵循的原则为：

① 装满或放出溶液后，必须等1 ~ 2 min，使附着在内壁的溶液流下来，再进行读数。若放出溶液的速度较慢（例如：滴定到最后阶段，每次只加半滴溶液时），等0.5 ~ 1 min即可读数。每次读数前要检查一下管壁是否挂水珠，管尖是否有气泡。

② 读数时，滴定管可以夹在滴定管架上，也可以用手拿滴定管上部无刻度处。不管用哪一种方法读数，均应使滴定管保持垂直。

③ 对于无色或浅色溶液，应读取弯月面下缘最低点；读数时，视线在弯月面下缘最低点处，且与液面成水平。溶液颜色太深时，可读液面两侧的最高点，此时视线应与该点成水平。注意初读数与终读数应采用同一标准。读数方法如图1.7所示。

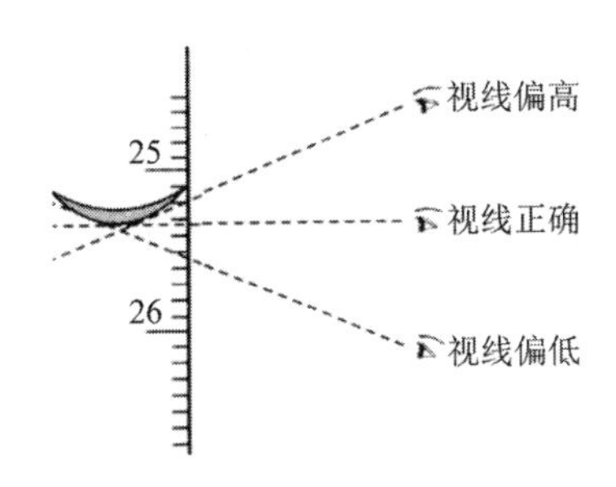

图1.7　滴定管读数时视线位置（单位：mL）

④ 读数必须读到小数点后第二位，即要求估计到0.01 mL。注意估计读数时应该考虑到刻度线本身的宽度。

⑤ 读取初读数前，应将管尖悬挂着的溶液除去。滴定至终点时应立即关闭旋塞，并注意不要使滴定管中溶液有流出，否则终读数便包括流出的溶液；故在读取终读数前，应注意检查出口管尖是否悬有溶液，若有，则此次读数不能取用。

（5）滴定管的操作方法

进行滴定时，应将滴定管垂直地夹在滴定管架上。

若使用的是酸式滴定管，左手无名指和小指向手心弯曲，轻轻地贴着出口管，用其余三指控制旋塞的转动。应注意不要向外拉旋塞，以免推出旋塞造成漏水；也不要过分往里扣，以免造成旋塞转动困难，不能自如操作。

若使用的是碱式滴定管，左手无名指与小指夹住出口管，拇指与食指在玻璃珠所在部位往一旁（左右均可）捏乳胶管，使溶液从玻璃珠旁空隙处流出。注意不要用力捏玻璃珠，也不能使玻璃珠上下移动，不要捏到玻璃珠下部的乳胶管；停止加液时，应先松开拇指和食指，最后松开无名指与小指。

无论使用哪种滴定管，都必须掌握三种加液方法，即：逐滴连续滴加、只加一滴、只加半滴（使液滴悬而未落）。

滴定管的操作方法如图1.8所示。

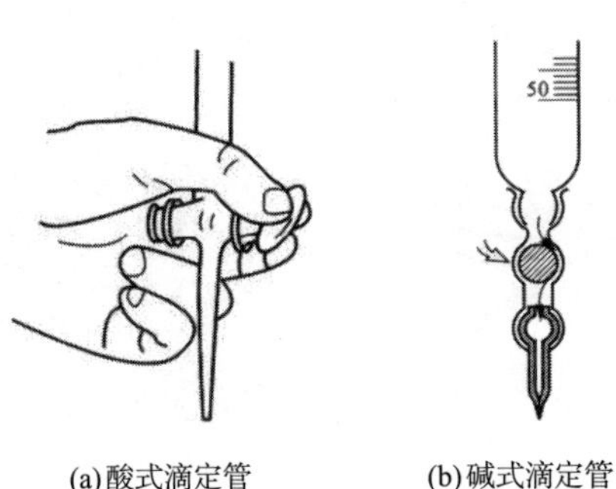

(a)酸式滴定管　(b)碱式滴定管

图1.8　滴定管的操作

（6）滴定操作方法

滴定操作可在锥形瓶或烧杯内进行，最好以白瓷板作背景。在锥形瓶中进行滴定时，用右手前三指拿住瓶颈，使瓶底离瓷板2 ~ 3 cm；同时调节滴定管的高度，使滴定管的下端伸入瓶口约1 cm。左手按前述方法滴加溶液，右手运用腕力摇动锥形瓶，边滴加边摇动。滴定操作中应注意以下几点：

① 摇瓶时，应使溶液向同一方向作圆周运动（左、右旋均可），但勿使瓶口接触滴定管，溶液也不得溅出。

② 滴定时，左手不能离开旋塞任其自流。

③ 注意观察液滴落点周围溶液颜色的变化。

④ 开始时，应边摇边滴，滴定速度可稍快，但不要使溶液流成“水线”；接近终点时，应改为加一滴，摇几下；最后，每加半滴，即摇动锥形瓶，直至溶液出现明显的颜色变化。用酸式滴定管滴加半滴溶液的操作方法为：微微转动旋塞，使溶液悬挂在出口管嘴上，形成半滴，用锥形瓶内壁将其沾落，再用洗瓶以少量蒸馏水吹洗瓶壁。用碱式滴定管滴加半滴溶液时，应先松开拇指与食指，将悬挂的半滴溶液沾在锥形瓶内壁上，再放开无名指与小指；这样可以避免出口管尖出现气泡。

在烧杯中进行滴定时，将烧杯放在白瓷板上，调节滴定管的高度，使滴定管下端伸入烧杯内1 cm左右。滴定管下端应在烧杯中心的左后方处，但不要靠壁太近。右手持搅拌棒在右前方搅拌溶液，在左手滴加溶液的同时，搅拌棒应作圆周搅动，但不得接触烧杯壁和底。当加半滴溶液时，用搅拌棒下端碰接悬挂的半滴溶液，放入溶液中搅拌；注意搅拌棒只能接触液滴，不要接触滴定管尖；其他注意点同上。

滴定操作方法如图1.9所示。

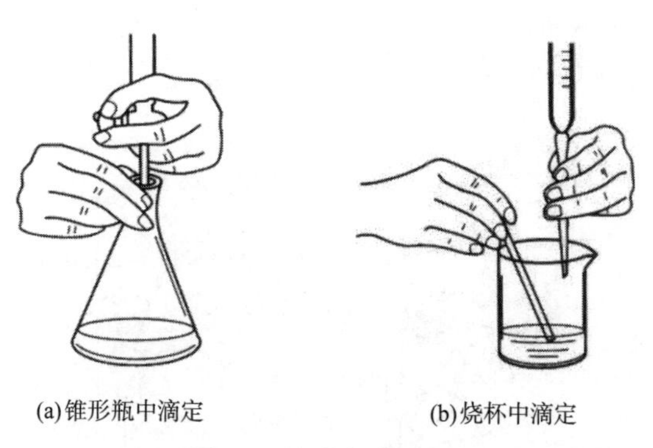

(a)锥形瓶中滴定　　(b)烧杯中滴定

图1.9　滴定操作方法

（7）使用注意事项

① 滴定前调零：每次滴定最好均从“0.00”刻度或“0.00”刻度附近的某一固

定刻线（不超过“1.00”刻线）开始，这样每次滴定所用的溶液都差不多是滴定管的同一部位，可以抵消滴定管内径不一或刻度不均引起的误差；同时能保证所装溶液足够用，使滴定能一次完成，避免因多次读数而产生误差。

② 控制滴定速度：根据反应的情况控制滴定速度，接近滴定终点时要一滴一滴或半滴半滴的进行滴定。

③ 摇动或搅拌：摇动锥形瓶时，应微动腕关节，使溶液向同一个方向摇动，而不能前后振荡，以防溶液溅出；搅拌棒搅拌烧杯溶液也应向同一方向画弧线，不得碰击烧杯壁和底。

④ 正确判断滴定终点：滴定时应仔细观察溶液落点周围溶液颜色变化，不要看滴定管上的体积而不顾滴定反应的进行。

⑤ 两个半滴的处理：滴定前悬挂在滴定管管尖上的半滴溶液应去掉；滴定完应使悬挂的半滴溶液沿锥形瓶壁流入瓶内，并用洗瓶以少量蒸馏水吹洗瓶壁；若在烧杯中滴定，应用搅拌棒下端碰接悬挂的半滴溶液，然后将搅拌棒放入溶液中搅拌。

⑥ 滴定结束后，滴定管内剩余的溶液应弃去，不得将其倒回原瓶，以免沾污整瓶操作溶液；随后立即洗净滴定管，并用蒸馏水充满全管，放到滴定架上夹好，以备下次使用。

四、常用仪器的操作使用

化学实验中除了用到玻璃仪器外，在定量分析中还经常会使用一些测量仪器，下面就后续实验中用到的仪器作一介绍。

1. 电子天平

电子天平是最新一代的天平，它是利用电子装置完成电磁力补偿的调节，使物体在重力场中实现力的平衡，或通过电磁力矩的调节，使物体在重力场中实现力矩的平衡。电子天平最基本的功能是自动调零、自动校准、自动去皮和自动显示称量结果。电子天平按结构可分为上皿式电子天平和下皿式电子天平。秤盘在支架上面为上皿式，秤盘吊挂在支架下面为下皿式；目前广泛使用的是上皿式电子天平。上皿式电子天平尽管控制方式和线路结构多种多样，但其结构原理大体相同。

（1）基本原理

电子天平是根据电磁力补偿原理设计并由微电脑控制的，它把被测的质量转换成电信号（电压或电流）后，以数字和符号形式显示出称量的结果。

电子天平由传感器、放大电路、A/D变换电路、放大电路、模数转换器、CPU运算控制以及显示器和电源等几个部分组成。当物体放在秤盘上时，压力施给传感器，该传感器发生形变，从而使阻抗发生变化，同时使用激励电压发生变化，输出一个变化的模拟信号；该信号经放大电路放大输出到模数转换器，转换成便于处理的数字信号输出到CPU运算控制，CPU根据键盘命令以及程序将这种结果输出到显示器。

（2）操作使用方法

电子天平的型号不同，其功能和操作方法会略有不同，但操作方法总体上较相似。下面以FA2004 N型电子天平为例介绍其使用方法，操作步骤如下：

① 将天平置于稳定的工作台上，避免震动、阳光照射和气流。

② 使用前观察水平仪，如水泡偏移，需调节水平调节脚，使水泡位于水平仪中心。仪器接通电源后需要预热再进行后续操作；当称量要求一般时，天平应预热30 min以上；当精确称量时，天平应预热180 min以上。

③ 天平校准：取下秤盘上所有被称物，轻按<ON>键，开启显示器；置COU-0，UNT-g，INT-3，ASD-2模式。轻按<TAR>键，天平清零；再轻按<CAL>键，显示屏出现闪烁码“CAL-200”，此时放上200 g标准砝码，闪烁码“CAL-200”停止闪烁，经数秒钟后，显示出现“200.000 0 g”；拿去标准砝码，显示出现“0.000 0 g”。若显示不为零，则再清零，重复以上校准操作。为了得到较准确的结果，需反复校准几次。

④ 称量：轻按<ON>键，开启显示器；再轻按<TAR>键，将天平清零，待天平显示出现“0.000 0 g”时，将待测物品放在秤盘上；待称重稳定后，天平显示值即为物品质量。若使用称量纸或容器进行称重时，先将其放在秤盘上，轻按<TAR>键，待天平显示出现“0.000 0 g”后，再将被测物放入称量纸上或容器内；待称重稳定后，天平显示值即为物品质量。

⑤ 使用完毕，轻按<OFF>键，关闭显示器，最后将天平及其周围进行清洁。若长时间不用，将电源插头拔掉。

（3）称量方法

① 直接称量法

此法用于称量一种物体的质量，例如：称量某小烧杯的质量，容量器皿校正中称量某容量瓶的质量，重量分析实验中称量某坩埚的质量等。该称量法适用于称量洁净干燥的不易潮解或升华的固体试样。

② 固定质量称量法

此法又称增量法，用于称量某一固定质量的试剂（如基准物质）或试样。该法称量操作速度较慢，适用于称量不易吸潮、在空气中能稳定存在的粉末状或小颗粒样品；最小颗粒应小于0.1 mg，以便容易调节其质量。用该法称量试样时，若加入的试样不慎超过指定质量，取出的多余试样应弃去，不要放回原试样瓶中；操作时不能将试样散落于天平秤盘上称量容器以外的地方，称好的试样必须定量地由称量容器直接转入接收器，即“定量转移”。

③ 递减称量法

此法又称减量法，用于称量一定质量范围的试样。该法可用于在称量过程中易吸水、易氧化或易与CO_2反应的试样。由于称取试样的质量是由两次称量之差求得，故又称差减法。该法称量步骤如下：从干燥器中取出称量瓶，不要让手指直接触及称量瓶和瓶盖，要戴手套拿取称量瓶或用小纸片夹住称量瓶盖柄，打开瓶盖，用药匙加入试样（一般为一份试样量的整数倍，可在粗天平上粗称），盖上瓶盖；将称量瓶置于天平秤盘上，称出称量瓶加试样后的准确质量；将称量瓶取出，在接收器的上方倾斜瓶身，用称量瓶盖轻敲瓶口上部，使试样慢慢落入容器中；当倾出的试样接近所需量时，一边继续用瓶盖轻敲瓶口，一边逐渐将瓶身竖直，使粘附在瓶口上的试样落下，然后盖好瓶盖，把称量瓶放回天平秤盘，准确称其质量；两次质量之差，即为试样的质量。按上述方法连续递减，可称取多份试样。

（4）使用注意事项

① 使用天平称重时并不是每次都应进行校准，在下列情形下才需校准天平：天平首次使用之前、称重操作进行了一段时间、放置地点发生变更、环境温度发生强烈变化。

② 开关天平、放取被称物以及开关天平侧门等动作都要轻、缓，切不可用力过猛、过快，以免造成天平部件脱位或损坏。

③ 调定零点和称量读数时，应随手关好天平门；称量读数要立即记录数据。

④ 对于热的或过冷的被称物，应置于干燥器中至其温度同天平室温度一致后方可进行称量。

⑤ 在称量过程中，应将被称物尽量放在秤盘中央且轻拿轻放，以免引起称量误差。

⑥ 通常在天平箱内放置干燥剂，当干燥剂失效后应及时更换。

⑦ 注意保持天平、天平台和天平室的整洁和干燥，秤盘与外壳需经常用干净软布轻轻擦洗；若有脏污，用无水乙醇或牙膏轻轻擦拭，切勿用强溶解剂擦洗。

2. 酸度计

酸度计，又称为pH计，是测量和反映溶液酸碱度的重要工具，其优点是使用方便、测量迅速。酸度计的型号和产品多种多样，显示方式可分为指针显示和数字显示两种。型号不同的酸度计，其工作原理基本都是相同的，主体是一个精密的电位计。

（1）基本原理

酸度计是对溶液中H^+活度产生选择性响应的一种电化学传感器，主要由参比电极、指示电极和测量系统三部分组成。目前酸度计配套使用的电极是复合电极，是由参比电极和指示电极复合在一起组成的。参比电极常用饱和甘汞电极，其电势在一定温度下是恒定的；指示电极通常是一支对H^+具有特殊选择性的玻璃电极，其电势取决于溶液中H^+的活度。酸度计的测定原理为：以参比电极、指示电极和溶液组成工作电池，测量出电池的电动势，以已知酸度的标准缓冲溶液pH为基准，比较标准缓冲溶液组成电池的电动势和待测溶液组成电池的电动势；然后通过测量系统将电池产生的电动势进行放大和测量，最后显示出待测溶液的pH。因此，酸度计使用前需用pH标准缓冲溶液进行校准（标定）。

（2）操作使用方法

酸度计的型号不同，其操作方法会略有不同，但总体上较相似。下面以美国奥立龙公司Orion 828型酸度计为例介绍其使用方法，操作步骤如下：

① 电极准备：拔掉电极上的保护盖，用蒸馏水冲洗电极以清除沉积盐，甩动电极以排除气泡；然后将电极浸泡于3 mol·L^{-1}氯化钾（KCl）溶液中以活化电极，浸泡2 h后将电极与酸度计连接。

② 电极标定：a. 接通电源后需对主机预热10 min，然后对电极进行标定1次，一般采用双缓冲溶液标定。根据被测溶液的酸碱性，选择两点缓冲溶液值进行标定，即：第一点缓冲溶液的pH应为6.86，第二点缓冲溶液的pH需与被测溶液的酸碱性一致，选择pH为4.00或pH为9.18的缓冲溶液。b. 先按酸度计上的标定键<CAL>，再按确定键<YES>，然后通过滚动键<︽>选择两点缓冲溶液（7 ~ 4或7 ~ 9），按确定键<YES>。c. 先用蒸馏水冲洗电极，并用滤纸擦干，然后将电极置于pH 6.86的缓冲溶液中，搅动一下缓冲溶液，当酸度计显示屏上“Ready”出现时，按确定键<YES>，表示第一点已标定。d. 取出电极，用蒸馏水冲洗电极，并用滤纸擦干，然后将电极置于pH 4.00或pH 9.18的第二点缓冲溶液中，搅动一下缓冲溶液，当酸度计显示屏上“Ready”出现时，按确定键<YES>表示第二点已标定。e. 两点标定结束后，仪器进入斜率方式，并显示斜率值，然后进入测量状态。

③ 溶液pH测量：标定结束后，用蒸馏水冲洗电极；将电极放入被测溶液中，并轻微搅动一下，当酸度计显示屏上“Ready”出现时，记录溶液的pH。

（3）使用注意事项

① 在每次使用酸度计之前需对电极进行1次标定，以保证仪器处于最佳工作状态。

② 在每次标定、测量前均需用蒸馏水充分冲洗电极，然后用滤纸吸干。

③ 电极非常脆弱，要小心处理，以免损坏电极末端的玻璃薄膜。

④ 用缓冲溶液标定仪器时，要保证缓冲溶液的可靠性，不能用错缓冲溶液。

⑤ 酸度计的输入端必须保持干燥清洁，仪器不用时应将短路插头插入插座，

防止灰尘及水汽浸入。

⑥ 复合电极的内参比补充液为3 mol·L^{-1} KCl溶液，补充液可以从橡皮套套着的电极上端小孔加入；测量结束洗净后，及时将电极护套套上，套内应放少量内参比补充液，以保持电极球的湿润；电极不用时，应拉上橡皮套，以防补充液干涸。

⑦ 电极应避免长期浸在蒸馏水、蛋白质溶液或酸性氟化物溶液中，避免与有机硅油接触。

⑧ 若储藏一周以内，将电极浸泡于3 mol·L^{-1} KCl溶液中，避免让溶液挥发；切勿将电极储藏于蒸馏水中，否则将缩短电极寿命。若长期储藏，先用蒸馏水冲洗电极，再用保护盖将电极头盖好并存放于干燥处。

⑨ 电极的常规清洗是将电极浸泡于0.1 mol·L^{-1} KCl溶液中或0.1 mol·L^{-1} HNO_3溶液中30 min后，再浸泡于3 mol·L^{-1} KCl溶液中2 h。若清洗油脂类，则将电极用中性洗涤剂或甲醇溶液进行冲洗。若清洗蛋白脂类，则将电极浸泡于0.1 mol·L^{-1} KCl溶液中（含1%胃蛋白酶）15 min或次氯酸钠溶液中5 min。

3. 电导率仪

电导率仪是实验室测量溶液电导率的常用仪器，广泛用于测量蒸馏水、去离子水、饮用水、锅炉水、工业废水以及一般液体的电导率，具有测量快、使用操作简单等优点。电导率仪型号较多，目前使用较为广泛的是DDS-11 A型数显电导率仪。

（1）基本原理

DDS-11 A型数显电导率仪是基于“电阻分压”原理的一种不平衡测量方法，其工作原理为：由振荡器发生的音频交流电压加到电导池电阻与量程电阻所组成的串联回路中，若溶液的电导越大，则电导池电阻越小，量程电阻两端的电压越大；电压经交流放大器放大，再经整流后推动直流电表，由电表即可直接显示出电导率值。

（2）操作使用方法

DDS-11 A型数显电导率仪的使用方法为：

① 插接电源线，打开电源开关，并预热10 min。

② 用温度计测出待测液的温度后，将“温度”钮置于待测液的实际温度相应位置上；当“温度”钮置于25℃位置时，则无补偿作用。

③ 将电极浸入待测液中，电极插头插入电导率仪的电极插座内。

④ 将“校正－测量”开关扳向“校正”，调节“常数”钮使显示数与所使用电极的常数标称值一致。例如：电极常数为0.85，调“常数”钮使显示850；常数为1.1，则调“常数”钮使显示1 100（不必管小数点位置）。另外，当使用常数为10的电极时，若其常数为9.6，此时调“常数”钮使显示960；若常数为10.7，则调“常数”使

显示1 070。

⑤将“校正-测量”开关置于“测量”位，将“量程”开关扳在合适的量程挡，待显示稳定后，仪器显示数值即为待测液在实际温度时的电导率。若显示屏首位为“1.”，后三位数字熄灭，表明被测值超出量程范围，可扳在高一挡量程来测量；若读数很小，为提高测量精度，可扳在低一挡的量程挡。

⑥对高电导率测量可使用DJS-10电极，此时量程扩大10倍，即20 $ms \cdot cm^{-1}$挡可测至200 $ms \cdot cm^{-1}$，2 $ms \cdot cm^{-1}$挡可测至20 $ms \cdot cm^{-1}$，但测量结果须乘以10。

（3）使用注意事项

①电极要轻拿轻放，切勿触碰铂黑；电极插头（引线）、插口应保持干燥，不能受潮，否则测量值不准。

②测量时电极应完全浸入待测液中；盛待测液的容器必须清洁，无离子沾污。

③测量一系列浓度待测液时，应按浓度由小到大的顺序进行。

④在测量过程中每切换量程一次都必须校准一次，以免造成测量误差。

⑤电极使用完毕应清洗干净，然后用净布擦干放好。

⑥电导电极使用前后应浸在蒸馏水内，以防止所镀铂黑惰化。

4. 浊度仪

浊度是一种光学效应，是由悬浮性颗粒物对光线引起的阻碍程度。浊度的测定有化学分析法和仪器分析法，目前最常用的是仪器分析法，即光电浊度仪分析法。光电浊度仪测量又可分为透射法和散射法两种。其中，透射法是用一束光通过一定厚度的待测水样，通过测量水样中的悬浮颗粒对入射光的吸收和散射所引起的透射光强度的衰减量来测定待测水样的浊度，该法又称为比浊法；散射法是利用测量穿过待测水样的入射光束被水样中的悬浮颗粒色散所产生的散射光强度来实现，该法又称为散射浊度法。目前使用较为广泛的是散射光浊度仪，具有操作简便、读数快等优点。

（1）基本原理

散射光浊度仪是应用光线的散射原理制成的。由丁达尔效应可知，散射光强度与悬浮颗粒物的总数成比例，即与浊度成比例。水的浊度越高，则散射光就越强；反之，水的浊度越低，则散射光就越弱。因此可由散射浊度仪测定水样的浊度。

（2）操作使用方法

散射浊度仪的型号和产品较多，其操作方法会略有不同，但总体上较相似。下面以美国哈希公司2100 P型浊度仪为例介绍其使用方法，操作步骤如下：

①仪器校准：将装有标准液的瓶用力摇1 ～ 2 min后，静置5 min。按<I/O>键，将仪器打开。将小于0.1 NTU的标准液放入样品室中，关上盖；按<CAL>键，

浊度仪屏幕上出现“S0”，按<→>键，显示“0.0”；按<READ>键，开始校正，屏幕上倒数60 ~ 0，“S1”出现，显示“20.0”。将20 NTU标准液放入样品室中，关上盖；按<READ>键，开始校正，屏幕上倒数60 ~ 0，“S2”出现，显示“100”。将100 NTU标准液放入样品室中，关上盖；按<READ>键，开始校正，屏幕上倒数60 ~ 0，“S3”出现，显示“800”。将800 NTU标准液放入样品室中，关上盖；按<READ>键，开始校正，屏幕上倒数60 ~ 0，“S0”出现。按<CAL>键接收校正数据，仪器自动回到测量状态。

② 浊度测量：将待测水样加入样品池至刻度线（约15 mL），按<I/O>键，将仪器打开。将样品池放入仪器的样品池盒中，使菱形标记或方向标识对准样品池盒前面凸起的方向标识。按<RANG>键，选择手动或自动范围选择模式；当仪器处于自动范围选择模式时，显示屏将显示“AUTO RNG”。按<READ>键，屏幕上将显示“----NTU”，几秒后显示以NTU为单位的浊度数值，即为待测水样的浊度值。

（3）使用注意事项

① 使用浊度仪时不要求每次都进行校准，建议每3个月进行一次校准。

② 在校准和测量操作时，需小心拿住样品池的上部，用不起毛的软布擦拭样品池，以除去水滴和手指印，然后盖上样品池盖。

③ 测量中始终盖上样品池盖，以防样品溅洒到仪器中。

④ 不要将样品池长期放在样品池盒中，若仪器长期存放不用时，需取出样品池和电池。

⑤ 测试前应避免样品沉淀，避免在直射的阳光下操作；测试时应将仪器放在平稳的台面上。

5. 分光光度计

分光光度计是用来测量试样的吸光度，主要有紫外-可见分光光度计、可见分光光度计等。分光光度计的种类和型号繁多，按结构可将分光光度计分为单波长单光束、单波长双光束和双波长分光光度计，其中单波长单光束分光光度计最为常见。分光光度计一般由光源、单色器、样品池和检测显示系统等组成，其中样品池即为比色皿，用光学玻璃或石英制成，用于盛放试样溶液供测定用。通常玻璃比色皿适用于可见光区，石英比色皿可用于紫外及可见光区，但由于石英比色皿价格较贵，一般只用于紫外区。分光光度计所配置的玻璃比色皿一般有光程为0.5 cm、1 cm、2 cm和3 cm等若干种，具体可根据吸光物质的吸光能力和试样的浓度合理选择不同厚度的比色皿用于测定。

（1）基本原理

尽管分光光度计的种类和型号较多，但其测定原理基本一致，即：物质分子对可见光或紫外光的选择性吸收在一定的实验条件下符合朗伯-比尔定律$A=\varepsilon bc$。

根据A与c的线性关系，通过测定标准溶液和试样溶液的吸光度A，用图解法或计算法，可求得试样中待测物质的浓度。

（2）可见分光光度计操作使用方法

以前可见分光光度计常用的型号为721型，目前使用较多的型号为722型（722 S型）或723型。下面以722 S型可见分光光度计为例介绍其使用方法，操作步骤如下：

① 预热：接通电源，打开仪器电源开关开机，预热30 min（样品室盖处于关闭状态）。

② 调波长：通过波长调节钮选择测试所需波长。

③ 放参比液：仪器共有4个比色皿槽（靠近测试人员为1号槽），将参比溶液倒入比色皿中，置于样品室比色皿槽的1号槽中，将仪器自带的黑体置于2号槽中，关闭样品室盖。

④ 调零：按<MODE>键，使显示屏旁的“T”指示灯亮；利用拉杆将比色皿架拉到第2个槽位（即：将拉杆推至最里端，拉杆后听到第二次响声）后，按<▼>键（0%T），仪器显示“000.0”。

⑤ 调满度：利用拉杆将比色皿架拉到第1个槽位（即：将拉杆推至最里端，拉杆后听到第一次响声）后，按<▲>键（ABSO 100%T），仪器显示“100.0”。

⑥ 测试：打开样品室盖，保留1号槽中的参比溶液，取出2号槽中的黑体；将待测试液倒入比色皿中，分别置于样品室比色皿槽的2、3、4号槽中，关闭样品室盖；按<MODE>键，使显示屏旁的“ABS”指示灯亮；利用拉杆将比色皿架分别拉到第2、3、4号槽位，读数，即为各个测试液的吸光度值；打开样品室盖，保留1号槽中的参比溶液，更换2、3、4号槽中的测试液进行相应测试。

⑦ 使用完毕，关闭电源；将比色皿清洗干净，放回原处。

（3）紫外-可见分光光度计操作使用方法

紫外-可见分光光度计的操作使用方法与可见分光光度计的操作方法基本相似，不同型号的紫外-可见分光光度计的操作方法略有不同，但总体上相似。下面以SP-752型紫外-可见分光光度计为例介绍其使用方法，操作步骤如下：

① 自检、预热：接通电源，打开仪器电源开关，光度计进入自检过程；自检过程切勿打开样品室盖，自检通过后再预热20 min。

② 设置波长：通过<▲>键、<▼>键，设置测试所需波长；波长设定需从短波向长波方向调整。

③ 调零：按<MODE>键，使仪器处于透光率（T）模式下；利用拉杆将比色皿架置于调零投射比位置（挡光位置），按下<0%T>键，仪器显示“00.0%T”。

④ 调满度：将参比溶液倒入比色皿中，置于样品室的参比样品槽中，关闭样

品室盖；利用拉杆将其置于光路，按<100%T>键，仪器显示“100%T”。

⑤ 设置方式：按<MODE>键，使仪器处于吸光度（A）模式，此时仪器显示“0.000 A”。

⑥ 测试样品：打开样品室盖，保留参比溶液；将待测试液倒入比色皿中，置于样品室样品槽中，关闭样品室盖；利用拉杆将比色皿架拉到待测试液槽位的光路上，读数，即为待测试液的吸光度值；打开样品室盖，保留参比溶液，更换样品槽中的测试液进行相应测试。

⑦ 使用完毕，关闭电源；将比色皿清洗干净，放回原处。

（4）使用注意事项

① 仪器开机前，应使样品室中无挡光物质，确保光路畅通。

② 当波长改变后，需重新调零和调满度。

③ 装入溶液前，先用蒸馏水将比色皿清洗2 ~ 3次，再用待测溶液润洗2 ~ 3次。

④ 溶液装入比色皿时，以装到比色皿的2/3高度处为宜；比色皿中应避免气泡产生，比色皿需垂直放入样品架中，以免影响测量结果。

⑤ 取放待测试液后，应及时将样品室盖关闭；测试完毕，及时将待测试液从样品室中取出，并将比色皿清洗干净。

⑥ 比色皿在使用中应保持透光面的清洁，切勿用手指触摸透光面，也不要用粗糙的纸擦拭透光面；擦拭透光面要用擦镜纸。

⑦ 比色皿不能加热或烘烤，以免影响光程。

第二章　无机化学实验

第一节　基础类实验

实验一　化学反应速率与活化能的测定

一、实验目的

1. 了解浓度、温度和催化剂对化学反应速率的影响。
2. 掌握过硫酸铵与碘化钾反应速率的测定方法。
3. 学会反应级数、反应速率常数和反应活化能的确定方法。

二、实验原理

化学反应速率的测定方法很多，可以通过分析反应物或产物浓度的变化获得，也可以利用反应前后颜色的改变或导电性的变化等来测定。本实验通过测定反应物浓度的变化来测定过硫酸铵（$(NH_4)_2S_2O_8$）和碘化钾（KI）的反应速率。

在水溶液中，$(NH_4)_2S_2O_8$和KI发生反应的离子方程式为

$$S_2O_8^{2-} + 3I^- == 2SO_4^{2-} + I_3^-$$

该反应的平均速率可表示为

$$\overline{v} = \frac{\Delta c(S_2O_8^{2-})}{\Delta t} = kc^a(S_2O_8^{2-})c^b(I^-) \tag{2.1}$$

式中，$\Delta c(S_2O_8^{2-})$为Δt时间内$S_2O_8^{2-}$浓度的变化；$c(S_2O_8^{2-})$、$c(I^-)$分别为$S_2O_8^{2-}$、I^-的初始浓度；k为反应速率常数；a和b为反应级数。

为了测定$\Delta c(S_2O_8^{2-})$，在混合$(NH_4)_2S_2O_8$溶液和KI溶液时，同时加入一定体积已知浓度的硫代硫酸钠（$Na_2S_2O_3$）溶液和淀粉溶液（指示剂）。当$S_2O_8^{2-}$与I^-反应产生I_3^-时，I_3^-立即与$S_2O_3^{2-}$发生如下反应

$$2S_2O_3^{2-} + I_3^- == S_4O_6^{2-} + 3I^-$$

该反应的速率非常快，可以瞬时完成，生成无色的$S_4O_6^{2-}$和I^-；而$S_2O_8^{2-}$与I^-发生的反应相对较慢。因此在反应开始阶段反应体系呈无色，当$S_2O_3^{2-}$用尽，可继续生成的微量I_3^-与淀粉指示剂作用，使溶液呈蓝色。从上述两个反应式可以看出，在反应中$S_2O_8^{2-}$浓度变化量为$S_2O_3^{2-}$浓度变化量的一半，即

$$\Delta c(S_2O_8^{2-}) = \frac{\Delta c(S_2O_3^{2-})}{2} \tag{2.2}$$

由于在Δt时间内$S_2O_3^{2-}$全部反应，所以$\Delta c(S_2O_3^{2-})$即为$S_2O_3^{2-}$的初始浓度，可进一步计算出$\Delta c(S_2O_8^{2-})$。因而，只要记录下从反应开始到溶液出现蓝色所需要的时间Δt，就可以求算出平均反应速率$\overline{v}$。

对式（2.1）两边取对数，可得

$$\lg \overline{v} = a \lg c(S_2O_8^{2-}) + b \lg c(I^-) + \lg k \tag{2.3}$$

当$c(I^-)$保持不变，改变$c(S_2O_8^{2-})$，以$\lg \overline{v}$对$\lg c(S_2O_8^{2-})$作图，可得一条直线，斜率为a；当保持$c(S_2O_8^{2-})$不变，改变$c(I^-)$，以$\lg \overline{v}$对$\lg c(I^-)$作图，也可得一条直线，斜率为b；由此可获得a值和b值，反应级数即为$a+b$。然后根据式（2.4）可求得反应速率常数k。

$$k = \frac{\overline{v}}{c^a(S_2O_8^{2-})c^b(I^-)} \tag{2.4}$$

根据阿伦尼乌斯公式

$$k = A\mathrm{e}^{-\frac{E_a}{RT}} \tag{2.5}$$

式中，k为反应温度T（绝对温度）时的速率常数；E_a为反应活化能；R为气体常数；A为实验常数。

对式（2.5）两边取对数，可得

$$\lg k = \lg A - \frac{E_a}{2.303RT} \tag{2.6}$$

若测出不同温度时的k值，以$\lg k$对$\frac{1}{T}$作图，得到一条直线；斜率为$-\frac{E_a}{2.303R}$，由此可计算求出活化能E_a。

三、实验仪器

恒温水浴锅，冰水浴装置，秒表，温度计，玻璃棒，量筒（25 mL），烧杯（100 mL）等。

四、实验试剂

碘化钾，硫代硫酸钠，过硫酸铵，淀粉，硝酸钾，硫酸铵，硝酸铜。

溶液配制方法如下：

1. KI溶液（0.20 mol • L^{-1}）：称取33.20 g碘化钾固体于烧杯中，溶解后转入1 000 mL容量瓶中，用蒸馏水定容。

2. $Na_2S_2O_3$溶液（0.010 mol • L^{-1}）：称取2.481 8 g硫代硫酸钠固体于烧杯中，溶解后转入1 000 mL容量瓶中，用蒸馏水定容。

3. $(NH_4)_2S_2O_8$溶液（0.010 mol • L^{-1}）：称取45.64 g过硫酸铵固体于烧杯中，溶解后转入1 000 mL容量瓶中，用蒸馏水定容。

4. 淀粉溶液（0.2%）：称取2.00 g淀粉固体于1 000 mL烧杯中，用少量蒸馏水调成糊状，再加入1 000 mL刚煮沸的蒸馏水溶解。

5. KNO_3溶液（0.20 mol • L^{-1}）：称取20.22 g硝酸钾固体于烧杯中，溶解后转入1 000 mL容量瓶中，用蒸馏水定容。

6. $(NH_4)_2SO_4$溶液（0.20 mol • L^{-1}）：称取13.214 g硫酸铵固体于烧杯中，溶解后转入500 mL容量瓶中，用蒸馏水定容。

7. $Cu(NO_3)_2$溶液（0.02 mol • L^{-1}）：称取0.483 2 g硝酸铜（$Cu(NO_3)_2 \cdot 3H_2O$）固体于烧杯中，溶解后转入100 mL容量瓶中，用蒸馏水定容。

五、实验内容与步骤

1. 浓度对化学反应速率的影响

（1）室温下，用3个量筒分别量取20 mL 0.20 mol • L^{-1} KI溶液、8 mL 0.010 mol • L^{-1} $Na_2S_2O_3$溶液和4 mL 0.2%淀粉溶液均加到同一烧杯中，混合均匀；再用另一个量筒量取20 mL 0.20 mol • L^{-1} $(NH_4)_2S_2O_8$溶液，快速加到该烧杯中，同时启动秒表计时，并用玻璃棒不断搅拌。当溶液刚出现蓝色时，立即停止秒表，记下时间和室温。

（2）用同样的方法按照表2.1中的用量进行另外4次实验，当溶液刚出现蓝色时，立即停止秒表，记下相应的时间和室温。为了使每次实验中溶液的离子强度和总体积保持不变，不足的量分别用0.20 mol • L^{-1} KNO_3溶液和0.20 mol • L^{-1} $(NH_4)_2SO_4$溶液补足。

表 2.1　浓度对化学反应速率影响的实验内容

实验序号		1	2	3	4	5
试剂用量（mL）	0.20 mol · L^{-1} $(NH_4)_2S_2O_8$溶液	20	20	5	10	20
	0.20 mol · L^{-1} KI溶液	20	10	20	20	5
	0.010 mol · L^{-1} $Na_2S_2O_3$溶液	8	8	8	8	8
	0.2%淀粉溶液	4	4	4	4	4
	0.20 mol · L^{-1} KNO_3溶液	0	10	0	0	15
	0.20 mol · L^{-1} $(NH_4)_2SO_4$溶液	0	0	15	10	0

2. 温度对化学反应速率的影响

（1）按表2.1实验2中的用量，即用4个量筒分别量取10 mL 0.20 mol · L^{-1} KI溶液、8 mL 0.010 mol · L^{-1} $Na_2S_2O_3$溶液、4 mL 0.2%淀粉溶液和10 mL 0.20 mol · L^{-1} KNO_3溶液均加入到同一烧杯中，混合均匀；再用另一个量筒量取20 mL 0.20 mol · L^{-1} $(NH_4)_2S_2O_8$溶液于另一烧杯中，并将两个烧杯放入冰水浴装置中冷却。待烧杯中的溶液均冷却到0℃时，把$(NH_4)_2S_2O_8$溶液快速加入盛放KI混合溶液的烧杯中，同时启动秒表，并用玻璃棒不断搅拌，当溶液刚出现蓝色时，记下反应时间。

（2）在30℃、40℃的热水浴条件下，重复上述实验，当溶液刚出现蓝色时，记下反应时间。

3. 催化剂对反应速率的影响

室温下，按表2.1实验2中的用量，即用4个量筒分别量取10 mL 0.20 mol · L^{-1} KI溶液、8 mL 0.010 mol · L^{-1} $Na_2S_2O_3$溶液、4 mL 0.2%淀粉溶液和10 mL 0.20 mol · L^{-1} KNO_3溶液均加入同一烧杯中，再加入1滴0.02 mol · L^{-1} $Cu(NO_3)_2$溶液，用玻璃棒搅拌均匀；然后在该烧杯中迅速加入20 ml 0.20 mol · L^{-1} $(NH_4)_2S_2O_8$溶液，同时启动秒表，并用玻璃棒不断搅拌，当溶液刚出现蓝色时，记下反应时间，并与前面不加催化剂的实验进行比较。

六、实验注意事项

1. $c(S_2O_8^{2-})$对反应速率有影响，实验时需快速加入。

2. $(NH_4)_2S_2O_8$溶液与其他溶液混合前，先要分别达到所需温度。

3. 实验中温度最好用恒温水浴控制，量取试剂的量筒需分开专用。

4. $(NH_4)_2S_2O_8$溶液需用时现配，若配制的溶液pH小于3，则表明已有分解，不宜使用。

七、实验数据记录与处理

1. 浓度对化学反应速率的影响

(1)数据记录

将实验数据和结果记录在表2.2中。

表2.2 浓度对化学反应速率影响的实验数据和结果记录表

实验序号		1	2	3	4	5
反应物初始溶度($mol \cdot L^{-1}$)	$(NH_4)_2S_2O_8$溶液					
	KI溶液					
	$Na_2S_2O_3$溶液					
反应时间Δt(s)						
$S_2O_8^{2-}$浓度变化Δc($mol \cdot L^{-1}$)						
平均反应速率$\bar{v}$($mol \cdot L^{-1} \cdot s^{-1}$)						
$\lg \bar{v}$						
$\lg c(S_2O_8^{2-})$			—			—
$\lg c(I^-)$				—	—	
反应温度(℃)						

(2)数据处理

用数据记录表2.2中实验1、3、4的数据以$\lg \bar{v}$为纵坐标、$\lg c(S_2O_8^{2-})$为横坐标作图，求出a；用实验1、2、5的数据以$\lg \bar{v}$为纵坐标、$\lg c(I^-)$为横坐标作图，求出b；然后计算出反应级数和反应速率常数k。

2. 温度对化学反应速率的影响

(1)数据记录

将0℃、室温、30℃和40℃的实验数据和结果记录在表2.3中。

表2.3 温度对化学反应速率影响的实验数据和结果记录表

实验序号	1	2	3	4
实验温度(℃)				
反应时间(s)				
平均反应速率$\bar{v}$($mol \cdot L^{-1} \cdot s^{-1}$)				
反应温度T(K)				
反应速率常数k				

续上表

实验序号	1	2	3	4
$1/T$				
$\lg k$				

（2）数据处理

用数据记录表2.3中数据以$\lg k$为纵坐标、$\frac{1}{T}$为横坐标作图，求出反应活化能E_a。

3. 催化剂对反应速率的影响

（1）数据记录

将实验数据和结果记录在表2.4中。

表2.4　催化剂对反应速率影响的实验数据和结果记录表

实验序号	1	2
实验项目	加催化剂	不加催化剂
反应温度（℃）		
反应时间（s）		
平均反应速率$\bar{v}$（$mol \cdot L^{-1} \cdot s^{-1}$）		

（2）数据处理

对比加催化剂和不加催化剂反应速率的变化情况。

4. 结果讨论

通过实验结果讨论浓度、温度、催化剂对反应速率的影响。

思　考　题

1. 为什么在实验中需加入KNO_3溶液和$(NH_4)_2SO_4$溶液？

2. 实验中溶液出现蓝色是否化学反应终止？

3. 若不用$S_2O_8^{2-}$，而用I^-或I_3^-的浓度变化来表示反应速率，则反应速率常数k是否一致？

4. 实验中$Na_2S_2O_3$溶液的用量过多或过少，对实验结果有何影响？

5. 若将$(NH_4)_2S_2O_8$溶液缓慢加入KI混合溶液中，对实验结果有何影响？

实验二　乙酸解离度与解离常数的测定

一、实验目的

1. 了解pH法测定乙酸解离度、解离常数的原理。
2. 掌握乙酸解离度、解离常数的测定方法。
3. 学会酸度计的使用方法以及酸碱滴定的操作方法。

二、实验原理

乙酸（HOAc）解离常数的测定方法主要有pH法、电导法等，本实验主要采用pH法对HOAc的解离度、解离常数进行测定。

HOAc是弱电解质，在水溶液中存在以下解离平衡

$$HOAc \rightleftharpoons H^+ + OAc^-$$

	HOAc	H^+	OAc^-
起始浓度	c	0	0
平衡浓度	$c(HOAc)$	$c(H^+)$	$c(OAc^-)$

则HOAc解离常数的表达式为

$$K^{\ominus}(HOAc)=\frac{c(H^+)\times c(OAc^-)}{c(HOAc)} \tag{2.7}$$

式中，$K^{\ominus}(HOAc)$为HOAc的解离常数；$c(H^+)$、$c(OAc^-)$、$c(HOAc)$分别为H^+、OAc^-、HOAc达到平衡时的浓度。

严格地说，离子浓度应该用活度来表示，但在HOAc的稀溶液中，离子浓度与活度近似。若忽略由水解离所提供的H^+量，则达到平衡时，溶液中$c(H^+)=c(OAc^-)$，代入式（2.7）中，可得

$$K^{\ominus}(HOAc)=\frac{[c(H^+)]^2}{c-c(H^+)} \tag{2.8}$$

HOAc的解离度α为

$$\alpha=\frac{c(H^+)}{c} \tag{2.9}$$

通过测定已知浓度HOAc溶液的pH，便可计算出HOAc的解离度和解离常数。即：配制一系列已知浓度的HOAc溶液，在一定温度下，用酸度计测定其pH，

根据$pH=-\lg c(H^+)$可求算出$c(H^+)$，代入式（2.9）中可求出各浓度对应的电离度α值。将$c(H^+)$代入式（2.8）中，即可求得一系列$K^{\ominus}$值，其平均值即为该温度下HOAc溶液的解离常数。实际上，酸度计所测得的pH反映了溶液中H^+的有效浓度，即H^+的活度值，在本实验中忽略这种差别。

三、实验仪器

酸度计，滴定装置，碱式滴定管，洗耳球，移液管，容量瓶，锥形瓶（250 mL），烧杯（50 mL）等。

四、实验试剂

乙酸，氢氧化钠，草酸（基准试剂），酚酞。

溶液配制方法如下：

1. HOAc溶液（0.10 $mol \cdot L^{-1}$）：移取5.9 mL乙酸到1 000 mL容量瓶中，用蒸馏水定容。

2. NaOH标准溶液（0.10 $mol \cdot L^{-1}$）：称取4.0 g氢氧化钠固体于烧杯中，溶解、冷却后转入1 000 mL容量瓶中，用蒸馏水定容。

3. $H_2C_2O_4$标准溶液（0.05 $mol \cdot L^{-1}$）：准确称量0.630 4 g草酸固体于烧杯中，溶解后转入100 mL容量瓶中，用蒸馏水定容。

4. 酚酞指示剂（1%）：称取0.5 g酚酞固体于烧杯中，加45 mL无水乙醇溶解后转入50 mL容量瓶中，用蒸馏水定容。

五、实验内容与步骤

1. NaOH标准溶液的标定

将待标定的0.1 $mol \cdot L^{-1}$ NaOH溶液装入洗净的碱式滴定管中，用洁净的移液管准确移取25.0 mL 0.05 $mol \cdot L^{-1}$ $H_2C_2O_4$标准溶液，置于锥形瓶中，加入1~2滴酚酞指示剂。用待标定的NaOH溶液滴定至溶液呈微红色，且在30 s内不褪色为止，即为终点。记录所用NaOH溶液的体积，平行标定三次，求出平均值，计算出NaOH标准溶液的准确浓度（保留四位有效数字）。

2. HOAc溶液浓度的测定

将已标定的0.1 $mol \cdot L^{-1}$ NaOH标准溶液装入洗净的碱式滴定管中，用洁净的移液管准确移取25.0 mL 0.1 $mol \cdot L^{-1}$ HOAc溶液，置于锥形瓶中，加2滴酚酞指示剂。用NaOH标准溶液滴定至溶液呈微红色，且在30 s内不褪色为止，即为终点。记录所用NaOH溶液的体积，平行滴定三次，求出平均值。

3. 不同浓度HOAc溶液的配制

用洁净的移液管分别准确吸取2.5 mL、5.0 mL、25.0 mL已测定浓度的HOAc溶液，分别移入3个50 mL容量瓶中，用蒸馏水稀释至刻度，摇匀。根据稀释倍数计算出该3瓶HOAc溶液的浓度。

4. HOAc溶液pH的测定

把以上稀释的HOAc溶液和原HOAc溶液共4种不同浓度的HOAc溶液，分别放入4个干燥的50 mL烧杯中，按浓度由稀到浓次序用酸度计分别测定它们的pH，记录相应数据，并记录室温。

六、实验注意事项

1. 酸度计需预先用缓冲溶液标定校正；测定每个浓度HOAc溶液pH前，需将电极头部用蒸馏水清洗后，再用滤纸吸干。

2. 测定不同浓度HOAc溶液的pH时，一定要按照由稀到浓次序测定。

七、实验数据记录与处理

1. 数据记录

将实验数据和结果记录在表2.5和表2.6中。

（1）原HOAc溶液（0.1 $mol \cdot L^{-1}$）浓度滴定数据记录表（表2.5）

表2.5　原HOAc溶液（0.1 $mol \cdot L^{-1}$）浓度滴定数据记录表

<table>
<tr><td colspan="2">实验序号</td><td colspan="2">1</td><td colspan="2">2</td><td colspan="2">3</td></tr>
<tr><td colspan="2">所取HOAc溶液体积（mL）</td><td colspan="2"></td><td colspan="2"></td><td colspan="2"></td></tr>
<tr><td colspan="2">NaOH标准溶液浓度（$mol \cdot L^{-1}$）</td><td colspan="6"></td></tr>
<tr><td rowspan="2">NaOH标准溶液用量（mL）</td><td>初读数</td><td></td><td rowspan="2"></td><td></td><td rowspan="2"></td><td></td><td rowspan="2"></td></tr>
<tr><td>终读数</td><td></td><td></td><td></td></tr>
<tr><td rowspan="2">测得HOAc溶液浓度（$mol \cdot L^{-1}$）</td><td>测定值</td><td colspan="2"></td><td colspan="2"></td><td colspan="2"></td></tr>
<tr><td>平均值</td><td colspan="6"></td></tr>
</table>

（2）不同浓度时HOAc溶液pH（表2.6）

表2.6 不同浓度时HOAc溶液pH数据记录表

序号	稀释倍数（倍）	$c(HOAc)$（$mol \cdot L^{-1}$）	pH	$c(H^+)$（$mol \cdot L^{-1}$）	解离度α	解离常数$K^{\ominus}(HOAc)$	
						测定值	平均值
1	20						
2	10						
3	2						
4	1						
室温： ℃							

2. 数据处理

（1）根据表2.5中NaOH标准溶液的浓度、消耗体积以及所取HOAc溶液的体积等实验数据计算出原HOAc溶液（0.1 $mol \cdot L^{-1}$）的准确浓度$c(HOAc)$(保留四位有效数字)。

（2）用表2.6中实验数据根据式（2.8）、式（2.9）计算出解离度、解离常数以及平均解离常数。

思 考 题

1. 不同浓度HOAc溶液的解离度是否相同，为什么？
2. 若改变所测HOAc溶液的浓度，其解离度和解离常数有无变化？
3. 测定不同浓度HOAc溶液的pH时，为什么按浓度由稀到浓的顺序？
4. 若改变所测HOAc溶液的温度，则解离度和解离常数有何变化？
5. “解离度越大，酸度越大”的说法是否正确，为什么？

实验三　氢氧化镍溶度积的测定

一、实验目的

1. 了解难溶金属氢氧化物形成的pH与金属离子浓度之间的关系。
2. 掌握pH滴定法测定氢氧化物溶度积的操作方法和计算方法。
3. 巩固酸度计的使用方法。

二、实验原理

难溶盐溶度积的测定可分为观察法和分析法。观察法是在一定温度下用两种已知浓度的分别含有难溶盐组分离子的溶液在搅拌下逐滴混合，当产生沉淀物时，根据形成沉淀时离子的浓度计算出难溶盐的溶度积；该方法准确度不高，误差较大。分析法是采用分析化学手段直接或间接测定难溶盐饱和溶液中各组分离子的浓度，然后计算出难溶盐的溶度积；该方法主要有分光光度法、电导法、离子交换法和pH滴定法等。本实验采用pH滴定法对氢氧化镍（$Ni(OH)_2$）的溶度积常数进行测定。

$Ni(OH)_2$在水中存在的沉淀溶解平衡关系如下

$$Ni(OH)_2 \rightleftharpoons Ni^{2+} + 2OH^-$$

$Ni(OH)_2$活度积可表示为

$$K_{ap} = a(Ni^{2+}) \times a^2(OH^-) \qquad (2.10)$$

式中，K_{ap}为$Ni(OH)_2$的活度积常数；$a(Ni^{2+})$、$a(OH^-)$分别为达到平衡时Ni^{2+}、OH^-的活度。

由于

$$K_w = a(H^+) \times a(OH^-) \qquad (2.11)$$

式中，K_w为水的离子积常数，25℃时其值为1.0×10^{-14}。

将式（2.11）代入式（2.10），可得

$$K_{ap} = a(Ni^{2+}) \times \left[\frac{K_w}{a(H^+)}\right]^2 \qquad (2.12)$$

对式（2.12）两边取对数，可得

$$\lg K_{ap}=\lg a(Ni^{2+})+2\lg\frac{K_w}{a(H^+)} \quad (2.13)$$

整理，可得

$$pH=-\lg a(H^+)=\frac{1}{2}\lg K_{ap}-\frac{1}{2}\lg a(Ni^{2+})-\lg K_w \quad (2.14)$$

当溶液的浓度不太大时，可用浓度c代替活度a，活度积常数K_{ap}可表示为溶度积常数K_{sp}，则

$$pH=\frac{1}{2}\lg K_{sp}-\frac{1}{2}\lg c(Ni^{2+})-\lg K_w \quad (2.15)$$

用氢氧化钠（NaOH）溶液滴定已知浓度的硫酸镍（$NiSO_4$）稀溶液时，在开始形成氢氧化镍（$Ni(OH)_2$）沉淀前，滴入的NaOH主要用于消耗溶液中的H^+，该阶段溶液的pH迅速上升。当开始形成$Ni(OH)_2$沉淀后，滴入的NaOH主要用于消耗溶液中的Ni^{2+}，该阶段溶液pH基本保持不变。当溶液中Ni^{2+}沉淀完全后，继续滴入的NaOH则基本不被消耗，该阶段溶液的pH又很快升高。

以体系pH对滴定消耗的NaOH溶液体积作图，可得到pH滴定曲线图，如图2.1所示。图中水平线段所对应的pH即为形成$Ni(OH)_2$沉淀的pH。开始沉淀时$NiSO_4$的浓度以$Ni(OH)_2$析出到沉淀结束所消耗NaOH溶液的体积计算，即图2.1中BC段对应的横坐标差值为消耗NaOH溶液的体积，然后再根据式（2.15）计算出$Ni(OH)_2$的溶度积常数K_{sp}。

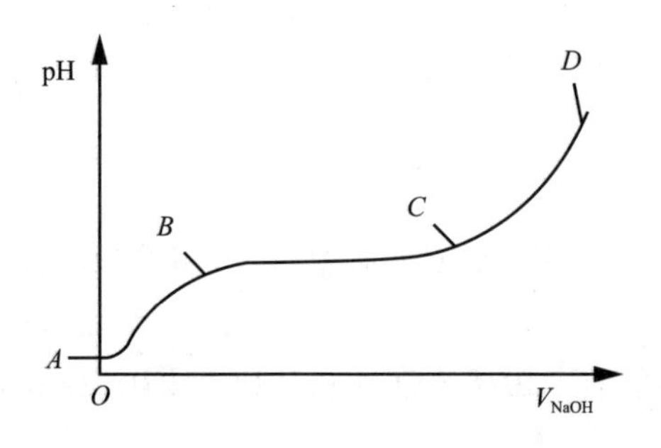

图2.1　pH滴定曲线图

三、实验仪器

酸度计，滴定装置，碱式滴定管，洗耳球，移液管，玻璃棒，锥形瓶（250 mL），

烧杯（100 mL）等。

四、实验试剂

硫酸镍，氢氧化钠，草酸（基准试剂），酚酞。

溶液配制方法如下：

1. $NiSO_4$溶液（0.10 mol·L^{-1}）：移取26.286 g硫酸镍（$NiSO_4·6H_2O$）固体于烧杯中，溶解后转入1 000 mL容量瓶中，用蒸馏水定容。

2. NaOH标准溶液（0.20 mol·L^{-1}）：称取8.0 g氢氧化钠固体于烧杯中，溶解、冷却后转入1 000 mL容量瓶中，用蒸馏水定容。

3. $H_2C_2O_4$标准溶液（0.10 mol·L^{-1}）：准确称取1.260 8 g草酸固体于烧杯中，溶解后转入100 mL容量瓶中，用蒸馏水定容。

4. 酚酞指示剂（1%）：称取0.5 g酚酞固体于烧杯中，加45 mL无水乙醇溶解后转入50 mL容量瓶中，用蒸馏水定容。

五、实验内容与步骤

1. NaOH标准溶液的标定

用$H_2C_2O_4$标准溶液进行标定，具体标定方法可参见本章实验二。

2. pH的测定

用移液管准确移取25.0 mL 0.10 mol·L^{-1} $NiSO_4$溶液于烧杯中，将酸度计的电极插入该溶液中，待酸度计读数稳定后记录pH；然后借助碱式滴定管向$NiSO_4$溶液中滴入NaOH标准溶液。开始时，每次滴入0.5 mL NaOH溶液；当溶液的pH不变时，每次滴入1.0 mL NaOH溶液；当溶液的pH再次上升时，继续每次滴入1.0 mL NaOH溶液，直到pH约为10为止。每次滴入NaOH溶液后，待酸度计读数稳定时记录pH和加入的NaOH溶液体积。

六、实验注意事项

1. 酸度计需预先用缓冲溶液标定校正。

2. 每次滴入一定体积NaOH溶液后，需用玻璃棒进行搅拌；每次需在酸度计显示的数字稳定后进行读数。

3. 不得使滴定管浸入$NiSO_4$溶液中。

七、实验数据记录与处理

1. 数据记录

将实验数据记录在表2.7中（根据具体测定数据增加表格列数）。

表 2.7　实验数据记录表

滴入NaOH溶液体积（mL）								
pH								
NaOH标准溶液浓度（$mol \cdot L^{-1}$）								

2. 数据处理

以pH为纵坐标、NaOH溶液体积为横坐标作图，确定形成$Ni(OH)_2$沉淀时溶液的pH和$NiSO_4$溶液的浓度，根据式（2.15）计算出$Ni(OH)_2$的K_{sp}。

思考题

1. 以$NiSO_4$溶液的浓度代替活度计算K_{sp}对结果有何影响？
2. 如何计算开始形成$Ni(OH)_2$沉淀时溶液中Ni^{2+}的浓度？

实验四　碘溶液平衡常数的测定

一、实验目的

1. 了解平衡移动的原理，理解化学平衡、平衡常数。
2. 掌握$I_3^- \rightleftharpoons I^- + I_2$平衡常数的测定方法。
3. 巩固滴定操作练习。

二、实验原理

碘（I_2）溶于碘化钾（KI）溶液中主要生成I_3^-，在一定温度下，建立的化学平衡如下

$$I_3^- \rightleftharpoons I^- + I_2$$

对应的平衡常数为

$$K^\ominus = \frac{a(I^-) \times a(I_2)}{a(I_3^-)} = \frac{c(I^-) \times c(I_2)}{c(I_3^-)} \cdot \frac{\gamma(I^-) \times \gamma(I_2)}{\gamma(I_3^-)} \tag{2.16}$$

式中，$K^\ominus$为平衡常数；a、c、γ分别表示活度、浓度、活度系数。

在离子强度不大的溶液（稀溶液）中，活度系数可近似为1，即

$$\frac{\gamma(I^-) \times \gamma(I_2)}{\gamma(I_3^-)} \approx 1 \tag{2.17}$$

由此式（2.16）可简化为

$$K^\ominus = \frac{c(I^-) \times c(I_2)}{c(I_3^-)} \tag{2.18}$$

因此，通过实验测定平衡时的$c(I^-)$、$c(I_2)$、$c(I_3^-)$即可计算出$K^\ominus$。

将已知浓度的KI溶液与过量的固体I_2一起振荡，达到平衡后，移取一定体积的上层清液，用硫代硫酸钠（$Na_2S_2O_3$）标准溶液滴定，发生的反应方程式为

$$2Na_2S_2O_3 + I_2 = 2NaI + Na_2S_4O_6$$

由于溶液中存在$I_3^- \rightleftharpoons I^- + I_2$的平衡，故滴定测得的浓度为平衡时$I_2$和$I_3^-$的总浓度$c$，则

$$c = c(I_2) + c(I_3^-) \tag{2.19}$$

在相同温度条件下，过量I_2与水处于平衡时，当溶液中I_2的浓度用c'来代替，整理式（2.19），可得

$$c(I_3^-) = c - c(I_2) = c - c' \tag{2.20}$$

由$I_3^- \rightleftharpoons I^- + I_2$的平衡可知，每形成一个$I_3^-$就需要一个$I^-$，故平衡时有

$$c(I^-) = c_0 - c(I_3^-) \tag{2.21}$$

式中，c_0为KI溶液的初始浓度。

将$c(I^-)$、$c(I_2)$、$c(I_3^-)$代入式（2.18）中，即可求得该温度下的平衡常数$K^\ominus$。

三、实验仪器

恒温振荡器，滴定装置，碱式滴定管，洗耳球，移液管，量筒（100 mL），锥形瓶（250 mL），碘量瓶（100 mL，250 mL），烧杯（100 mL）等。

四、实验试剂

碘，碘化钾，硫代硫酸钠，淀粉。

溶液配制方法如下：

1. KI溶液（0.010 0 mol·L^{-1}）：称取1.660 g碘化钾固体于烧杯中，溶解后转入1 000 mL容量瓶中，用蒸馏水定容。

2. KI溶液（0.020 0 mol·L^{-1}）：称取3.320 g碘化钾固体于烧杯中，溶解后转入1 000 mL容量瓶中，用蒸馏水定容。

3. $Na_2S_2O_3$溶液（0.005 0 mol·L^{-1}）：称取1.240 8 g硫代硫酸钠固体于烧杯中，溶解后转入1 000 mL容量瓶中，用蒸馏水定容。

4. 淀粉溶液（0.5%）：称取2.50 g淀粉固体于500 mL烧杯中，用少量蒸馏水调成糊状，再加入500 mL刚煮沸的蒸馏水溶解。

五、实验内容与步骤

1. 在2个干燥的100 mL碘量瓶中用量筒各加入80 mL 0.010 0 mol·L^{-1} KI溶液和80 mL 0.020 0 mol·L^{-1} KI溶液，在一个干燥的250 mL碘量瓶中加入200 mL蒸馏水，分别标上1号、2号、3号；然后在每个碘量瓶中均加入0.5 g研细的固体I_2，盖好瓶塞。

2. 将上述3个碘量瓶在室温下用恒温振荡器振荡30 min，然后静置10 min，取上层清液进行滴定。

3. 用移液管准确移取10.0 mL 1号碘量瓶上层清液2份，分别加到两个锥形瓶中，再各加入40 mL蒸馏水。然后用$Na_2S_2O_3$标准溶液滴定其中1份至溶液呈淡黄色时，加入2.0 mL淀粉溶液，此时溶液呈蓝色，继续滴定至蓝色刚刚消失；记录所消耗$Na_2S_2O_3$溶液的体积$V(Na_2S_2O_3)$。用同样方法平行滴定另1份上层清液。

4. 用3中同样方法滴定2号碘量瓶的上层清液，记录数据。

5. 用移液管准确移取50.0 mL 3号碘量瓶上层清液2份，用$Na_2S_2O_3$标准溶液按照3中所述方法进行滴定，记录数据。

六、实验注意事项

1. 由于碘容易挥发，取上层清液后应尽快滴定，不宜放置太久。

2. 滴定过程中不宜过于剧烈摇动锥形瓶。

3. 用$Na_2S_2O_3$标准溶液滴定至溶液呈淡黄色时再加入淀粉溶液，不能提前或拖后加入。

七、实验数据记录与处理

1. 数据记录

将实验数据记录在表2.8中。

2. 数据处理

用$Na_2S_2O_3$标准溶液滴定I_2时，相应I_2的浓度按照式（2.22）、式（2.23）进行计算。

1号、2号碘量瓶：

$$c=\frac{c(Na_2S_2O_3)\times V(Na_2S_2O_3)}{2V(KI-I_2)} \tag{2.22}$$

3号碘量瓶：

$$c'=\frac{c(Na_2S_2O_3)\times V(Na_2S_2O_3)}{2V(H_2O-I_2)} \tag{2.23}$$

将数据处理结果填于表2.8中。

表2.8　实验数据记录表

序号		1号	2号	3号
取样体积V(mL)		10.0	10.0	50.0
$V(Na_2S_2O_3)$	Ⅰ(mL)			
	Ⅱ(mL)			
	平均(mL)			
$c(Na_2S_2O_3)$	($mol \cdot L^{-1}$)			
总浓度$c(c(I_2)+c(I_3^-))$	($mol \cdot L^{-1}$)			—
水溶液中碘的平衡浓度	($mol \cdot L^{-1}$)	—	—	
$c(I_2)$	($mol \cdot L^{-1}$)			—
$c(I_3^-)$	($mol \cdot L^{-1}$)			—
c_0	($mol \cdot L^{-1}$)			—
$c(I^-)$	($mol \cdot L^{-1}$)			—
$K^\ominus$值				—
$K^\ominus$平均值				—

本实验测定$K^\ominus$值在1.0×10^{-3} ~ 2.0×10^{-3}范围内视为合格(25 ℃，文献值$K^\ominus=1.5\times10^{-3}$)。

思　考　题

1. 实验中固体I_2的用量是否要准确称取？为什么？

2. 实验过程中若出现下列情况，将会对实验产生何种影响？

(1)所取I_2的量不够。

(2)碘量瓶中加入试剂后没有用恒温振荡器充分振荡。

(3)在用移液管吸取上层清液时，不小心吸入一些I_2的微粒。

实验五　氧化还原反应的影响因素

一、实验目的

1. 了解影响氧化还原反应的因素。
2. 理解电极电势与氧化还原反应的关系。
3. 掌握反应物浓度、反应介质酸度、催化剂等对氧化还原反应的影响。

二、实验原理

氧化还原反应是一类很重要的化学反应，其本质特征是在反应过程中有电子的转移，即电子从还原剂转移到氧化剂。在氧化还原反应中，还原剂失去电子被氧化，元素原子氧化数升高；氧化剂得到电子被还原，元素原子氧化数降低。物质的氧化还原能力强弱可用相关电对的电极电势大小来衡量。电对的电极电势越高，其氧化态物质的氧化能力越强，而相应还原态物质的还原能力越弱；反之，电对的电极电势越低，其还原态物质的还原能力越强，而相应氧化态物质的氧化能力越弱。因此，可以通过比较物质的电极电势来判断氧化还原反应进行的方向，即电极电势较高的电对中的氧化态物质氧化电极电势较低的电对中的还原态物质。

氧化还原反应的影响因素较多，如反应物浓度、反应温度、反应时间、反应介质酸度以及催化剂的存在等。本实验主要考察反应物浓度、反应介质酸度以及催化剂等对氧化还原反应的影响。

若有H^+或OH^-参与反应，介质的酸碱性会对电极电势产生影响，会影响氧化还原反应的产物，例如：MnO_4^-的还原产物在酸性、中性、碱性溶液中分别为Mn^{2+}、MnO_2、MnO_4^{2-}。

氧化还原反应与酸碱反应不同，有些反应速率较慢，例如

$$5C_2O_4^{2-}+2MnO_4^-+16H^+ \rightleftharpoons 2Mn^{2+}+10CO_2\uparrow+8H_2O$$

由氧化剂和还原剂的标准电极电势可知，该反应能够自发进行，但反应速率较慢；当反应时加入少量Mn^{2+}后，反应速率加快，Mn^{2+}对该反应有催化作用。

三、实验仪器

试管，滴瓶，胶头滴管等。

四、实验试剂

碘化钾，溴化钾，氯化铁，铁氰化钾，氯化亚铁，硫酸亚铁铵，硫酸铁铵，氟化

铵，重铬酸钾，浓硫酸，草酸，硫酸锰，高锰酸钾，碘，溴水，四氯化碳（CCl_4）。

溶液配制方法如下：

1. KI溶液（0.1 mol·L^{-1}）：称取0.830 g碘化钾固体于烧杯中，溶解后转入50 mL容量瓶中，用蒸馏水定容。

2. KBr溶液（0.1 mol·L^{-1}）：称取0.595 g溴化钾固体于烧杯中，溶解后转入50 mL容量瓶中，用蒸馏水定容。

3. $FeCl_3$溶液（0.1 mol·L^{-1}）：称取1.352 g氯化铁固体于烧杯中，溶解后转入50 mL容量瓶中，用蒸馏水定容。

4. $K_3[Fe(CN)_6]$溶液（0.1 mol·L^{-1}）：称取1.646 g铁氰化钾固体于烧杯中，溶解后转入50 mL容量瓶中，用蒸馏水定容。

5. $FeCl_2$溶液（0.1 mol·L^{-1}）：称取0.994 g氯化亚铁固体于烧杯中，溶解后转入50 mL容量瓶中，用蒸馏水定容。

6. $(NH_4)_2Fe(SO_4)_2$溶液（0.2 mol·L^{-1}）：称取3.921 g硫酸亚铁铵固体于烧杯中，加适量蒸馏水，转入50 mL容量瓶中，放置一段时间溶解后再用蒸馏水定容。

7. $NH_4Fe(SO_4)_2$溶液（0.1 mol·L^{-1}）：称取2.411 g硫酸铁铵固体于烧杯中，加少量蒸馏水，再加0.5 mL浓硫酸，转入50 mL容量瓶中，放置1天溶解后，用蒸馏水定容。

8. NH_4F溶液（2 mol·L^{-1}）：称取3.704 g氟化铵固体于烧杯中，溶解后转入50 mL容量瓶中，用蒸馏水定容。

9. $K_2Cr_2O_7$溶液（0.1 mol·L^{-1}）：称取1.471 g重铬酸钾固体于烧杯中，溶解后转入50 mL容量瓶中，用蒸馏水定容。

10. H_2SO_4溶液（2 mol·L^{-1}）：移取5.6 mL浓硫酸到盛有一定量蒸馏水的50 mL容量瓶中，冷却后用蒸馏水定容。

11. $H_2C_2O_4$溶液（2 mol·L^{-1}）：称取12.607 g草酸固体于烧杯中，加热溶解，冷却后转入50 mL容量瓶中，用蒸馏水定容。

12. $MnSO_4$溶液（0.1 mol·L^{-1}）：称取0.845 g硫酸锰固体于烧杯中，溶解后转入50 mL容量瓶中，用蒸馏水定容。

13. $KMnO_4$溶液（0.01 mol·L^{-1}）：称取0.079 g高锰酸钾固体于烧杯中，溶解后转入50 mL容量瓶中，用蒸馏水定容。

14. 碘水：分别称取0.065 g碘和0.150 g碘化钾固体于50 mL容量瓶中，加少量蒸馏水调成糊状后，再用蒸馏水溶解、定容。

五、实验内容与步骤

1. 电极电势与氧化还原反应的关系

（1）往试管中加入5滴0.1 mol·L^{-1} KI溶液和2滴0.1 mol·L^{-1} $FeCl_3$溶液，混合后，再加入5滴CCl_4；充分振荡后，观察并记录CCl_4液层的颜色变化情况；再往该试管中加入5滴0.1 mol·L^{-1} $K_3[Fe(CN)_6]$溶液，观察并记录现象。

（2）若用0.1 mol·L^{-1} KBr溶液代替（1）中的0.1 mol·L^{-1} KI溶液进行相同的实验，观察并记录现象；与（1）进行比较，解释原因。

（3）往试管中加入5滴0.1 mol·L^{-1} $FeCl_2$溶液和2滴溴水，摇动试管，观察并记录现象。

（4）若用碘水代替溴水进行（3）中相同的实验，观察并记录现象；与（3）进行比较，解释原因。

2. 浓度对氧化还原反应的影响

（1）往试管中加入5滴0.1 mol·L^{-1} $NH_4Fe(SO_4)_2$溶液和5滴0.1 mol·L^{-1} KI溶液，再加入CCl_4后振荡，观察并记录CCl_4液层的颜色变化情况。

（2）往试管中加入5滴0.1 mol·L^{-1} $NH_4Fe(SO_4)_2$溶液和5滴0.2 mol·L^{-1} $(NH_4)_2Fe(SO_4)_2$溶液，再加入5滴0.1 mol·L^{-1} KI溶液和CCl_4后振荡，观察并记录CCl_4液层的颜色变化情况；与（1）进行比较，解释原因。

（3）往试管中加入5滴0.1 mol·L^{-1} $NH_4Fe(SO_4)_2$溶液和5滴2 mol·L^{-1} NH_4F溶液，再加入5滴0.1 mol·L^{-1} KI溶液和CCl_4后振荡，观察并记录CCl_4液层的颜色变化情况；与（1）进行比较，解释原因。

3. 酸度对氧化还原反应的影响

往试管中加入5滴0.1 mol·L^{-1} KI溶液和1滴0.1 mol·L^{-1} $K_2Cr_2O_7$溶液，充分振荡后，观察并记录现象；再往该试管中加入5滴2 mol·L^{-1} H_2SO_4溶液，观察并记录现象，解释原因。

4. 酸度、催化剂对氧化还原反应速率的影响

取两支试管，均加入10滴2 mol·L^{-1} $H_2C_2O_4$溶液和5滴2 mol·L^{-1} H_2SO_4溶液，然后在第一支试管中滴加3滴0.1 mol·L^{-1} $MnSO_4$溶液，另一支试管中滴加3滴蒸馏水，再向两支试管中均加入2滴0.01 mol·L^{-1} $KMnO_4$溶液，混匀溶液，观察两支试管中红色褪去的快慢，记录现象，解释原因。

六、实验注意事项

1. 实验时注意比较现象的差异，并及时记录有关实验现象。
2. H_2SO_4具有很强的腐蚀性，使用时需小心。
3. 实验室提供的溴水为饱和溴水，挥发性较强，使用时需小心。

七、实验数据记录与处理

1. 记录实验现象。
2. 运用所学知识解释相关实验现象。
3. 若有反应发生，写出相关化学反应式。

思　考　题

1. 根据电极电势与氧化还原反应关系的实验结果，定性比较Br_2/Br^-、I_2/I^-、Fe^{3+}/Fe^{2+}三个电对电极电势的相对大小，并指出其中最强的氧化剂和最强的还原剂各是什么？

2. 反应介质酸度对$KMnO_4$的氧化性有何影响？提高$KMnO_4$溶液的酸度，其氧化能力增加还是降低？

3. 通过实验结果讨论氧化还原反应的影响因素有哪些？并说明各因素如何影响？

实验六　配位化合物的性质

一、实验目的

1. 了解配离子的生成以及配离子的性质。
2. 学会比较配离子的相对稳定性。
3. 理解配位平衡移动的原理和方法。

二、实验原理

配位化合物是由一定数目的离子（或分子）和中心原子（或离子）以配位键相结合，按一定的组成和空间构型所形成的化合物，简称配合物。配合物一般分为内界和外界两部分，其中内界为配离子，是由中心原子（或离子）与配体通过配位键连接并能稳定存在的复杂离子；与中心原子直接相连的原子称为配位原子，配体的个数称为配位数。例如：在配合物$[Cu(NH_3)_4]SO_4$中，SO_4^{2-}为外界，$[Cu(NH_3)_4]^{2+}$为配离子（内界），Cu^{2+}为中心离子，NH_3为配体，N为配位原子，配位数为4。

配体可能配位的原子数目用单齿、二齿、三齿等表示，含有一个配位原子的配体叫单齿配体。一个多齿配体通过两个或两个以上的配位原子与一个中心原子（或离子）形成的配合物称为螯合物，例如：EDTA共有六个配位能力很强的配位原子，既可做四齿配体，也可做六齿配体，绝大多数金属离子均能与EDTA形成多个五元环结构的螯合物。

配离子的性质决定配合物的性质，而配离子与简单离子有明显的不同。随着配离子的生成，溶液的颜色、酸碱性、物质的溶解度、氧化还原性等性质均有所改变。当配离子形成时，常伴随溶液颜色改变；当配位反应发生时，也可能会产生沉淀，例如：丁二酮肟与Ni^{2+}反应，可生成难溶的红色螯合物沉淀；许多沉淀由于配离子的形成而溶解，例如：Cu^{2+}可以与NaOH作用生成$Cu(OH)_2$蓝色沉淀，而向Cu^{2+}溶液中加入氨水后，Cu^{2+}与NH_3作用形成可溶性的$[Cu(NH_3)_4]^{2+}$，游离Cu^{2+}浓度大大减少，无法与NaOH作用生成$Cu(OH)_2$沉淀。

每种配离子在水溶液中均会发生解离，即配离子在溶液中同时存在配位和解离的配位平衡，配离子的稳定性通常用稳定常数（$K_{稳}$）表示，$K_{稳}$值越大，表示配离子越稳定。若金属离子M^{m+}和配体L^-形成配离子$ML_n^{(m-n)+}$，在水溶液中产生如下解离平衡

$$ML_n^{(m-n)+} \rightleftharpoons M^{m+} + nL^-$$

根据平衡移动原理，改变M^{m+}或L^-的浓度，会使上述平衡发生移动。若加入一种试剂能与M^{m+}（或L^-）生成难溶物质、或生成更稳定的配离子或使其氧化态改变等，都能使平衡向右移动。例如：在$AgNO_3$溶液中加入过量氨水，生成配合物$[Ag(NH_3)_2]NO_3$，向该溶液中加入KBr或KI溶液，由于有淡黄色AgBr沉淀或黄色AgI沉淀的生成，配位平衡会向右移动；但加入KCl溶液，不能生成AgCl沉淀，配位平衡不发生移动；此外，由于在$[Ag(NH_3)_2]NO_3$溶液中，除了配离子以外，也有Ag^+存在，但Ag^+浓度很小，以致只能达到生成某些难溶盐的溶度积值，如AgBr、AgI，但不能达到溶度积较大的难溶盐AgCl的溶度积，据此可以定性判断AgCl、AgBr、AgI溶度积（K_{sp}）的大小。

三、实验仪器

试管，滴瓶，胶头滴管等。

四、实验试剂

硝酸铜，氢氧化钠，浓氨水，硫代硫酸钠，硝酸银，氯化钠，硝酸铁，氟化铵，碘化钾，硝酸镍，乙二胺四乙酸二钠（Na_2-EDTA），硫酸铁，浓盐酸，硫氰酸铵，溴化钾，草酸铵，四氯化碳（CCl_4）。

溶液配制方法如下：

1. $Cu(NO_3)_2$溶液（0.1 mol · L^{-1}）：称取1.208 g硝酸铜固体于烧杯中，溶解后转入50 mL容量瓶中，用蒸馏水定容。

2. NaOH溶液（0.1 mol · L^{-1}）：称取0.200 g氢氧化钠固体于烧杯中，溶解、冷却后转入50 mL容量瓶中，用蒸馏水定容。

3. $NH_3 \cdot H_2O$溶液（2 mol · L^{-1}）：移取6.8 mL浓氨水到50 mL容量瓶中，用蒸馏水定容。

4. $Na_2S_2O_3$溶液（0.5 mol · L^{-1}）：称取6.205 g硫代硫酸钠固体于烧杯中，溶解后转入50 mL容量瓶中，用蒸馏水定容。

5. $AgNO_3$溶液（0.1 mol · L^{-1}）：称取0.849 g硝酸银固体于烧杯中，溶解后转入50 mL容量瓶中，用蒸馏水定容。

6. NaCl溶液（0.1 mol · L^{-1}）：称取0.292 g氯化钠固体于烧杯中，溶解后转入50 mL容量瓶中，用蒸馏水定容。

7. $Fe(NO_3)_3$溶液（0.1 mol · L^{-1}）：称取2.020 g硝酸铁固体于烧杯中，溶解后转入50 mL容量瓶中，用蒸馏水定容。

8. NH_4F溶液（2 mol · L^{-1}）：称取3.704 g氟化铵固体于烧杯中，溶解后转入50 mL容量瓶中，用蒸馏水定容。

9. KI溶液（0.1 mol·L^{-1}）：称取0.830 g碘化钾固体于烧杯中，溶解后转入50 mL容量瓶中，用蒸馏水定容。

10. $Ni(NO_3)_2$溶液（0.1 mol·L^{-1}）：称取1.454 g硝酸镍固体于烧杯中，溶解后转入50 mL容量瓶中，用蒸馏水定容。

11. EDTA溶液（0.1 mol·L^{-1}）：称取1.861 g Na_2-EDTA固体于烧杯中，加热溶解，冷却后转入50 mL容量瓶中，用蒸馏水定容。

12. $Fe_2(SO_4)_3$溶液（0.5 mol·L^{-1}）：称取9.997 g硫酸铁固体于烧杯中，加少量蒸馏水，再加0.5 mL浓硫酸，转入50 mL容量瓶中，放置1天溶解后，用蒸馏水定容。

13. HCl溶液（6 mol·L^{-1}）：移取25 mL浓盐酸到50 mL容量瓶中，用蒸馏水定容。

14. NH_4SCN溶液（0.1 mol·L^{-1}）：称取0.381 g硫氰酸铵固体于烧杯中，溶解后转入50 mL容量瓶中，用蒸馏水定容。

15. KBr溶液（0.1 mol·L^{-1}）：称取0.595 g溴化钾固体于烧杯中，溶解后转入50 mL容量瓶中，用蒸馏水定容。

16. 饱和$(NH_4)_2C_2O_4$溶液：称取2.444 g草酸铵固体于烧杯中，加入50 mL蒸馏水，加热溶解后转入滴瓶中。

五、实验内容与步骤

1. 配离子的生成

（1）取两支试管，均加入5滴0.1 mol·L^{-1} $Cu(NO_3)_2$溶液，往其中一支试管中加入5滴0.1 mol·L^{-1} NaOH溶液，观察并记录现象；再往另一支试管中加入5滴2 mol·L^{-1} $NH_3·H_2O$，观察并记录溶液的颜色，然后加入5滴0.1 mol·L^{-1} NaOH溶液，观察并记录现象，解释原因。

（2）取一支试管，加入5滴0.5 mol·L^{-1} $Na_2S_2O_3$溶液，再加入2滴0.1 mol·L^{-1} $AgNO_3$溶液，观察并记录现象，说明发生的反应；然后在所得溶液中加入2滴0.1 mol·L^{-1} NaCl溶液，观察并记录变化情况。另取一支试管，分别加入2滴0.1 mol·L^{-1} $AgNO_3$和2滴0.1 mol·L^{-1} NaCl溶液，混合均匀，观察并记录现象，解释原因。

（3）取两支试管，均加入5滴0.1 mol·L^{-1} $Fe(NO_3)_3$溶液，往其中一支试管中加入5滴2 mol·L^{-1} NH_4F溶液，然后再在两支试管中均加入5滴0.1 mol·L^{-1} KI溶液和5滴CCl_4，观察并记录现象，解释原因。

（4）取一支试管，加入5滴0.1 mol·L^{-1} $Ni(NO_3)_2$溶液，然后逐滴加入5滴0.1 mol·L^{-1} EDTA溶液，观察并记录颜色变化情况；再在该溶液中加入5滴0.1 mol·L^{-1} NaOH溶液，观察有无沉淀生成，记录现象，解释原因。

2. 配离子稳定性的比较

（1）取一支试管，加入10滴0.5 mol·L^{-1} $Fe_2(SO_4)_3$溶液，再加入2滴0.1 mol·L^{-1} NH_4SCN溶液，观察并记录溶液颜色变化情况。再往该溶液中逐滴加入5滴2 mol·L^{-1} NH_4F溶液，观察并记录现象。继续加入5滴饱和$(NH_4)_2C_2O_4$溶液，观察并记录溶液颜色变化情况。根据溶液颜色的变化，比较生成配离子$Fe(SCN)_3$、FeF_6^{3-}、$[Fe(C_2O_4)_3]^{3-}$的稳定性。

（2）取一支试管，加入5滴0.1 mol·L^{-1} $AgNO_3$溶液和5滴0.1 mol·L^{-1} NaCl溶液，静置沉降，弃去清液，在沉淀上逐滴加入2 mol·L^{-1} $NH_3 \cdot H_2O$使沉淀完全溶解；然后往所得溶液中加入1滴0.1 mol·L^{-1} NaCl溶液，观察并记录现象。继续加入1滴0.1 mol·L^{-1} KBr溶液，观察并记录现象；若有沉淀生成，使AgBr沉淀完全，静置沉降后弃去清液，在沉淀上逐滴加入0.5 mol·L^{-1} $Na_2S_2O_3$溶液，使沉淀完全溶解；然后往所得溶液中加入1滴0.1 mol·L^{-1} KBr溶液，观察是否有沉淀产生；再加入1滴0.1 mol·L^{-1} KI溶液，观察并记录现象。通过上述实验比较生成配离子$[Ag(NH_3)_2]^+$、$[Ag(S_2O_3)_2]^{3-}$的稳定性以及AgCl、AgBr、AgI溶度积（K_{sp}）大小顺序。

3. 配位平衡的移动

（1）取一支试管，加入2滴0.5 mol·L^{-1} $Fe_2(SO_4)_3$溶液，再加入8滴饱和$(NH_4)_2C_2O_4$溶液，观察并记录溶液颜色变化情况。继续加入1滴0.1 mol·L^{-1} NH_4SCN溶液，观察并记录溶液颜色变化情况。若往该溶液中继续逐滴加入5滴6 mol·L^{-1} HCl溶液，观察并记录溶液颜色变化情况。解释所观察到现象的原因。

（2）取一支试管，加入5滴0.1 mol·L^{-1} $Fe(NO_3)_3$溶液，再加入5滴0.1 mol·L^{-1} NH_4SCN溶液，继续逐滴加入5滴0.1 mol·L^{-1} EDTA溶液，观察并记录每次加入试剂后的现象，解释原因。

六、实验注意事项

1. 实验时注意比较现象的差异，并及时记录有关实验现象。

2. $AgNO_3$溶液与皮肤接触，会立即形成黑色金属银，很难洗去，滴加和摇动试管时需小心。

3. 实验过程中若需逐滴加入试剂，则每加1滴试剂后需摇动试管，并观察相应现象。

七、实验数据记录与处理

1. 记录实验现象。

2. 运用所学知识解释相关实验现象。

3. 根据配离子稳定性比较的实验结果，给出生成各配离子的稳定性顺序以及AgCl、AgBr、AgI溶度积（K_{sp}）大小顺序。

思 考 题

1. 采用哪些方法可证明$[Ag(NH_3)_2]^+$溶液中含有Ag^+？

2. 影响配位平衡的因素有哪些？

3. 配离子与简单离子的不同点是什么？

4. 试管Ⅰ：Fe^{3+}溶液＋I^-溶液，试管Ⅱ：Fe^{3+}溶液＋饱和$(NH_4)_2C_2O_4$溶液＋I^-溶液，在这两支试管中发生的反应有何不同？

第二节　拓展类实验

实验七　粗食盐的提纯

一、实验目的

1. 了解粗食盐提纯的基本原理。
2. 掌握粗食盐提纯过程中的一些基本操作。
3. 学会SO_4^{2-}、Ca^{2+}、Mg^{2+}等离子的定性鉴定方法。

二、实验原理

化学试剂所用的氯化钠（NaCl）都是以粗食盐为原料进行提纯得到的。粗食盐中通常含有泥沙、尘土等不溶性杂质和SO_4^{2-}、Ca^{2+}、Mg^{2+}、K^+等可溶性杂质。不溶性杂质可采用溶解和过滤的方法除去，可溶性杂质可以选择适当的试剂使SO_4^{2-}、Ca^{2+}、Mg^{2+}等离子生成沉淀而除去。

首先在粗食盐溶液中加入氯化钡（$BaCl_2$）溶液，以除去SO_4^{2-}，发生如下反应

$$Ba^{2+} + SO_4^{2-} = BaSO_4 \downarrow （白）$$

然后在溶液中加入氢氧化钠（NaOH）溶液和碳酸钠（Na_2CO_3）溶液，以除去Ca^{2+}、Mg^{2+}和过量的Ba^{2+}，发生如下反应

$$Ca^{2+} + CO_3^{2-} = CaCO_3 \downarrow （白）$$

$$Mg^{2+} + 2OH^- = Mg(OH)_2 \downarrow （白）$$

$$Ba^{2+} + CO_3^{2-} = BaCO_3 \downarrow （白）$$

最后过量的NaOH和Na_2CO_3可用盐酸（HCl）进行中和。粗食盐中的K^+与这些沉淀剂不起作用，仍留在溶液中。由于KCl的溶解度比NaCl的溶解度大，而且在粗食盐中的含量较少，所以在蒸发、浓缩和结晶浓食盐溶液过程中，NaCl会结晶出来，KCl仍留在母液中。

三、实验仪器

真空泵，天平，电炉，烧杯（50 mL），量筒（50 mL），玻璃漏斗，漏斗架，布氏漏斗，抽滤瓶，蒸发皿，玻璃棒，移液管，洗耳球，石棉网，滤纸，pH试纸，试管等。

四、实验试剂

粗食盐，氯化钡，氢氧化钠，碳酸钠，浓盐酸，草酸铵，镁试剂（对硝基偶氮间苯二酚）。

溶液配制方法如下：

1. $BaCl_2$溶液（1.0 mol · L^{-1}）：称取20.823 g氯化钡固体于烧杯中，溶解后转入100 mL容量瓶中，用蒸馏水定容。

2. NaOH溶液（2.0 mol · L^{-1}）：称取8.0 g氢氧化钠固体于烧杯中，溶解、冷却后转入100 mL容量瓶中，用蒸馏水定容。

3. Na_2CO_3溶液（1.0 mol · L^{-1}）：称取10.599 g碳酸钠固体于烧杯中，溶解后转入100 mL容量瓶中，用蒸馏水定容。

4. HCl溶液（2.0 mol · L^{-1}）：移取16.7 mL浓盐酸到100 mL容量瓶中，用蒸馏水定容。

5. $(NH_4)_2C_2O_4$溶液（0.5 mol · L^{-1}）：称取6.205 g草酸铵固体于烧杯中，溶解后转入100 mL容量瓶中，用蒸馏水定容。

五、实验内容与步骤

1. 粗食盐的提纯

（1）粗食盐的溶解：用天平称取8.0 g粗食盐，置于烧杯中，加入30 mL蒸馏水；加热、搅拌，使粗食盐溶解。

（2）SO_4^{2-}的除去：在溶解后的溶液中，边搅拌边逐滴加入1.0 mol · L^{-1} $BaCl_2$溶液（约2 mL），使沉淀完全。为了检验沉淀是否完全，可将烧杯从电炉上取下，待沉淀下降后，在上层清液中加入1 ~ 2滴$BaCl_2$溶液，观察是否有浑浊现象。若无浑浊，说明SO_4^{2-}已沉淀完全，若有浑浊，则需继续滴加$BaCl_2$溶液，直到上层清液再加入1滴$BaCl_2$溶液后无浑浊产生为止，此时说明沉淀完全。沉淀完全后继续加热5 min，以使沉淀颗粒长大而便于过滤（注意不要蒸干）。用玻璃漏斗趁热过滤，保留滤液弃去沉淀。

（3）Ca^{2+}、Mg^{2+}和Ba^{2+}的除去：在滤液中加入1.0 mL 2.0 mol · L^{-1} NaOH溶液和3.0 mL 1.0 mol · L^{-1} Na_2CO_3溶液，加热至沸，然后用Na_2CO_3溶液检验沉淀是否完全。检验方法同（2）中所述。沉淀完全后继续煮沸5 min，用玻璃漏斗趁热过滤，保留滤液弃去沉淀。

（4）调节溶液的pH值：在滤液中逐滴加入2.0 mol · L^{-1} HCl溶液，充分搅拌后用玻璃棒蘸取滤液在pH试纸上进行检验，直到溶液呈微酸性（pH = 4 ~ 5）为止。

（5）蒸发浓缩：将溶液转移到蒸发皿中，用小火加热，蒸发浓缩至溶液呈稠粥状为止，但切不可将溶液蒸干。

（6）结晶、抽滤、干燥：让浓缩液冷却至室温，用布氏漏斗进行抽滤；再将晶体转移到蒸发皿中，用小火加热干燥；冷却后，称其质量，计算提纯率。

2. 产品纯度的检验

分别用天平称取粗食盐和提纯后的食盐各1.0 g，分别溶解于6.0 mL蒸馏水中，然后各分成三份，盛于试管中，按照下列方法对照检验其纯度。

（1）SO_4^{2-}的检验：加入2滴1.0 mol·L^{-1} $BaCl_2$溶液，观察有无白色$BaSO_4$沉淀产生。

（2）Ca^{2+}的检验：加入2滴0.5 mol·L^{-1} $(NH_4)_2C_2O_4$溶液，观察有无白色CaC_2O_4沉淀生成。

（3）Mg^{2+}的检验：加入2滴2.0 mol·L^{-1} NaOH溶液，使之呈碱性（用pH试纸检验），再加入2 ~ 3滴镁试剂，如有蓝色沉淀生成，表示Mg^{2+}存在。

若提纯后的NaCl溶液在上述实验操作中均无浑浊现象出现，则表明产品纯度符合要求。

六、实验注意事项

1. 在沉淀完全后的加热过程中以及提纯后的食盐溶液浓缩过程中不能将溶液蒸干。

2. 在抽滤时，先将稠粥状的含水食盐在布氏漏斗上均匀铺开，然后再开真空泵进行抽滤。

七、实验数据记录与处理

1. 记录称取粗食盐的质量和提纯后晶体的质量。
2. 计算提纯率。
3. 记录氯化钠纯度检验结果。

思　考　题

1. 在除SO_4^{2-}时，加入的沉淀剂$BaCl_2$为什么是过量的？过量的Ba^{2+}如何除去？
2. 粗食盐的提纯过程中，为什么要加HCl溶液？
3. 中和过量的NaOH和Na_2CO_3时为什么选用HCl溶液，用其他酸是否也可以？
4. 提纯后的食盐溶液在浓缩时为什么不能蒸干？
5. 除去SO_4^{2-}、Ca^{2+}、Mg^{2+}的顺序是否可以更改？SO_4^{2-}、Ca^{2+}、Mg^{2+}、K^+中哪种离子的除去要采用化学法？

实验八　银氨配离子配位数的测定

一、实验目的

1. 了解应用配位平衡和沉淀平衡理论测定银氨配离子配位数的基本原理。
2. 学会作图法确定银氨配离子配位数的方法。
3. 进一步巩固滴定操作练习。

二、实验原理

在硝酸银（$AgNO_3$）溶液中加入过量的氨水（$NH_3 \cdot H_2O$），即生成稳定的银氨配离子（$[Ag(NH_3)_n]^+$）；继续向溶液中加入溴化钾（KBr）溶液，当刚出现溴化银（AgBr）沉淀时，混合液中同时存在着如下的配位平衡和沉淀平衡

$$Ag^+ + nNH_3 \rightleftharpoons \left[Ag\left(NH_3\right)_n\right]^+$$

$$Ag^+ + Br^- \rightleftharpoons AgBr\downarrow$$

对应的稳定常数（$K_{稳}$）和溶度积常数（K_{sp}）分别为

$$K_{稳} = \frac{c([Ag(NH_3)_n]^+)}{c(Ag^+) \times c^n(NH_3)} \tag{2.24}$$

$$K_{sp} = c(Ag^+) \times c(Br^-) \tag{2.25}$$

式中，$c([Ag(NH_3)_n]^+)$、$c(Ag^+)$、$c(NH_3)$、$c(Br^-)$分别为达到平衡时$[Ag(NH_3)_n]^+$、Ag^+、NH_3、Br^-的浓度。

将式（2.24）与式（2.25）相乘，可得

$$\frac{c([Ag(NH_3)_n]^+) \times c(Br^-)}{c^n(NH_3)} = K_{稳} \cdot K_{sp} = K \tag{2.26}$$

整理式（2.26），可得

$$c(Br^-) = \frac{K \cdot c^n(NH_3)}{c([Ag(NH_3)_n]^+)} \tag{2.27}$$

平衡时$[Ag(NH_3)_n]^+$、NH_3、Br^-的浓度可按以下方法近似计算。

设每份混合溶液最初取用$AgNO_3$溶液的体积为V_{Ag^+}，浓度为$c_0(Ag^+)$。每份混合溶液中所加入过量$NH_3 \cdot H_2O$和KBr溶液的体积分别为V_{NH_3}和V_{Br^-}，浓度分别为$c_0(NH_3)$和$c_0(Br^-)$，混合溶液总体积为$V_{总}$，则混合后并达到平衡时可得如下关系式

$$c(Br^-) = c_0(Br^-) \times \frac{V_{Br^-}}{V_{总}} \tag{2.28}$$

$$c([Ag(NH_3)_n]^+) = c_0(Ag^+) \times \frac{V_{Ag^+}}{V_{总}} \tag{2.29}$$

$$c(NH_3) = c_0(NH_3) \times \frac{V_{NH_3}}{V_{总}} \tag{2.30}$$

将式（2.28）、式（2.29）和式（2.30）代入式（2.27）中，整理可得

$$V_{Br^-} = \frac{V_{NH_3}^n \cdot K \cdot (\frac{c_0(NH_3)}{V_{总}})^n}{\frac{c_0(Ag^+) \cdot V_{Ag^+}}{V_{总}} \times \frac{c_0(Br^-)}{V_{总}}} \tag{2.31}$$

由于式（2.31）中等号右边除$V^n_{NH_3}$外，其他均为常数，故式（2.31）可写为

$$V_{Br^-} = V_{NH_3}^n \cdot K' \tag{2.32}$$

将式（2.32）两边取对数，可得直线方程

$$\lg V_{Br^-} = n \lg V_{NH_3} + \lg K' \tag{2.33}$$

以$\lg V_{Br^-}$对$\lg V_{NH_3}$作图，得到一条直线；斜率n即为$[Ag(NH_3)_n]^+$的配位数（取最接近的整数）。

三、实验仪器

滴定装置，碱式滴定管，酸式滴定管，洗耳球，移液管，锥形瓶（250 mL）等。

四、实验试剂

浓氨水，硝酸银，溴化钾。

溶液配制方法如下：

1. $NH_3 \cdot H_2O$溶液（2.00 mol·L^{-1}）：移取68 mL浓氨水到500 mL容量瓶中，用蒸馏水定容。

2. $AgNO_3$溶液（0.010 mol·L^{-1}）：称取0.849 4 g硝酸银固体于烧杯中，溶解后转入500 mL容量瓶中，用蒸馏水定容。

3. KBr溶液（0.010 mol·L^{-1}）：称取0.595 g溴化钾固体于烧杯中，溶解后转入500 mL容量瓶中，用蒸馏水定容。

五、实验内容与步骤

1. 用移液管准确量取20.0 mL 0.010 mol·L^{-1} $AgNO_3$溶液到锥形瓶中，再分别用碱式滴定管加入40.0 mL 2.00 mol·L^{-1} $NH_3 \cdot H_2O$溶液和40.0 mL蒸馏水，混合均匀。在不断摇动下从酸式滴定管中逐滴加入0.010 mol·L^{-1} KBr溶液，直到刚产生的AgBr浑浊不再消失，此时为滴定终点。记录加入KBr溶液的体积V_{Br^-}，并计算出溶液的总体积$V_{总}$。

2. 再用35.0 mL、30.0 mL、25.0 mL、20.0 mL、15.0 mL、10.0 mL的2.00 mol·L^{-1} $NH_3 \cdot H_2O$溶液重复上述操作。记录滴定终点时加入KBr溶液的体积V_{Br^-}。

为了使每次溶液的总体积相同，在重复操作的实验中，当接近终点时补加适量的蒸馏水（具体加入的体积数见数据记录表2.9），使溶液的总体积与第一次实验相同。

六、实验注意事项

1. 配制每一份混合溶液时，最后加$NH_3 \cdot H_2O$溶液，以防氨挥发。

2. 反应一定要达到平衡后（振摇后浑浊不再消失）记录终点，且每次浑浊度要一致。

七、实验数据记录与处理

1. 数据记录

将实验数据和结果记录在表2.9中。

表 2.9　实验数据和结果记录表

序号	V_{Ag^+}（mL）	V_{NH_3}（mL）	V_{Br^-}（mL）	V_{H_2O}（mL）	$V_{总}$（mL）	$\lg V_{NH_3}$	$\lg V_{Br^-}$
1	20.0	40.0		40.0			
2	20.0	35.0		45.0			
3	20.0	30.0		50.0			
4	20.0	25.0		55.0			
5	20.0	20.0		60.0			
6	20.0	15.0		65.0			
7	20.0	10.0		70.0			

2. 数据处理

（1）以 $\lg V_{Br^-}$ 为纵坐标、$\lg V_{NH_3}$ 为横坐标作图，求得直线斜率，即为 $[Ag(NH_3)_n]^+$ 的配位数 n。

（2）从图中求得直线的截距，计算出 K'；利用式（2.31）计算 K 值，再利用 $K=K_{稳} \times K_{sp}$ 可求出 $[Ag(NH_3)_n]^+$ 的稳定常数。已知 $K_{sp,KBr}$ 为 4.1×10^{-13}。

思　考　题

1. 在其他实验条件完全相同的情况下，能否用相同浓度的KCl溶液或KI溶液进行本实验？为什么？

2. 在重复滴定操作过程中，为什么要补加适量蒸馏水使溶液的总体积与第一次实验相同？

3. 实验测定的稳定常数与 $AgNO_3$ 溶液浓度、$NH_3 \cdot H_2O$ 溶液浓度以及温度的关系分别是什么？

实验九　硫酸亚铁铵的制备

一、实验目的

1. 了解硫酸亚铁铵的制备方法。

2. 巩固水浴加热、过滤、抽滤、蒸发、结晶等基本操作。

二、实验原理

硫酸亚铁铵（$(NH_4)_2Fe(SO_4)_2$）又称摩尔盐，是浅绿色单斜晶体，易溶于水，但难溶于乙醇、丙酮等有机溶剂。$(NH_4)_2Fe(SO_4)_2$在空气中比一般亚铁盐稳定，不易被氧化，容易得到纯净的晶体。在0 ~ 60℃范围内，$(NH_4)_2Fe(SO_4)_2$在水中的溶解度比组成它的两种组分（硫酸亚铁、硫酸铵）的溶解度都小。因此，容易从浓的硫酸亚铁（$FeSO_4$）和硫酸铵（$(NH_4)_2SO_4$）混合溶液中制得结晶的硫酸亚铁铵（$(NH_4)_2Fe(SO_4)_2 \cdot 6H_2O$）。

本实验先将金属铁屑（Fe）溶于稀硫酸（H_2SO_4）制得$FeSO_4$溶液，反应式如下

$$Fe + H_2SO_4 \longequal FeSO_4 + H_2 \uparrow$$

然后在$FeSO_4$溶液中加入$(NH_4)_2SO_4$，使其全部溶解，制得混合溶液，加热浓缩，冷却至室温，即可析出$(NH_4)_2Fe(SO_4)_2 \cdot 6H_2O$晶体，反应式如下

$$FeSO_4 + (NH_4)_2SO_4 + 6H_2O = (NH_4)_2Fe(SO_4)_2 \cdot 6H_2O$$

三、实验仪器

真空泵，天平，恒温水浴锅，锥形瓶（150 mL），玻璃漏斗，漏斗架，布氏漏斗，抽滤瓶，蒸发皿，表面皿，玻璃棒，移液管，洗耳球，滤纸等。

四、实验试剂

铁屑，碳酸钠，浓硫酸，硫酸铵，乙醇（95%）。

溶液配制方法如下：

1. Na_2CO_3溶液（10%）：称取10.0 g碳酸钠固体于烧杯中，溶解后转入100 mL容量瓶中，用蒸馏水定容。

2. H_2SO_4溶液（3.0 mol·L^{-1}）：移取16.8 mL浓硫酸到盛有一定量蒸馏水的100 mL容量瓶中，冷却后用蒸馏水定容。

五、实验内容与步骤

1. 铁屑的净化

用天平称取4.0 g铁屑，置于锥形瓶内，然后加入20 mL 10% Na_2CO_3溶液，缓缓加热约10 min，以除去铁屑表面的油污。冷却后倒去污液，用蒸馏水洗涤3 ~ 4次，干燥后备用。

若使用不含油污的铁屑，此步可省略。

2. $FeSO_4$的制备

向盛有铁屑（除去油污）的锥形瓶中加入25 mL 3 mol · L^{-1} H_2SO_4溶液，置于温度为70 ~ 80℃的水浴中加热（在通风橱中进行），并经常取出锥形瓶摇荡和适当添加蒸馏水（补充蒸发掉的水分），直至不再有明显气泡产生，此时反应基本完全。再加入1.0 mL 3 mol · L^{-1} H_2SO_4溶液，保证溶液pH值为1 ~ 2；用玻璃漏斗趁热过滤，将滤液转移至蒸发皿内。

3. $(NH_4)_2Fe(SO_4)_2 \cdot 6H_2O$的制备

用天平称取9.5 g $(NH_4)_2SO_4$固体加入到上述滤液中，水浴加热，用玻璃棒搅拌至$(NH_4)_2SO_4$完全溶解，继续加热，蒸发浓缩至表面出现结晶薄膜为止。冷却至室温，$(NH_4)_2Fe(SO_4)_2 \cdot 6H_2O$晶体析出完全后，用布氏漏斗进行抽滤，再用少量乙醇洗涤晶体两次。将晶体转移至表面皿上晾干，观察产品的颜色和晶形；称重，计算产率。

六、实验注意事项

1. 铁屑与稀硫酸反应过程中会产生H_2，可能还有少量有毒气体，需在通风橱内进行。

2. 铁屑与稀硫酸反应期间可能需要补充少量水分，以防止$FeSO_4$析出。

3. 铁屑与稀硫酸反应完全后，需再加入一定体积的H_2SO_4溶液，保持溶液pH值在2以下。

4. $(NH_4)_2Fe(SO_4)_2 \cdot 6H_2O$制备的蒸发浓缩过程中不宜搅拌。

七、实验数据记录与处理

1. 记录实验过程中的实验现象。

2. 记录产品的质量和母液的体积，根据母液的体积计算母液中$(NH_4)_2Fe(SO_4)_2 \cdot 6H_2O$晶体理论质量，然后由产品的实际质量和理论质量计算产品产率。已知母液的密度为1.18 g · cm^{-3}。

3. 根据实验所得产品的产率讨论影响产率的因素有哪些？

思 考 题

1. 实验中前后两次水浴加热的目的有何不同？为什么用恒温水浴锅加热而不用电炉直接加热?

2. 铁屑与稀硫酸反应制取$FeSO_4$过程中，是铁过量还是酸过量？为什么?

3. 为什么$FeSO_4$溶液和$(NH_4)_2Fe(SO_4)_2$溶液都要保持较强的酸性?

第三章　分析化学实验

第一节　基础类实验

实验一　滴定分析基本操作练习

一、实验目的

1. 了解常用酸碱标准溶液的配制方法。
2. 学会滴定分析常用仪器的洗涤和使用。
3. 掌握滴定分析的基本操作和确定终点的方法。
4. 学习正确记录和处理数据的方法。

二、实验原理

浓盐酸（HCl）易挥发，固体氢氧化钠（NaOH）容易吸收空气中的水分和二氧化碳（CO_2）。因此，不能采用直接法配制准确浓度的HCl标准溶液和NaOH标准溶液，只能采用间接法先配制近似浓度的溶液，然后用基准物质标定其准确浓度。

在指示剂不变的情况下，一定浓度的HCl溶液和一定浓度的NaOH溶液相互滴定，到达终点时，所消耗的两种溶液体积之比应是一定的，改变滴定溶液的体积，该体积比应基本不变。因此，通过滴定分析的练习，根据该体积比可以检验滴定操作技术以及判断滴定终点。

浓度均为0.1 $mol \cdot L^{-1}$的NaOH溶液和HCl溶液相互滴定属于强碱与强酸的滴定，化学计量点时pH值为7.0，其滴定突跃范围为pH=4.3 ～ 9.7。酸碱指示剂均具有一定的变色范围，故变色范围全部或部分落在该突跃范围之内的指示剂均可用来指示滴定终点，如甲基橙、甲基红、酚酞等。

通常选择颜色变化明显且颜色变化由浅到深的指示剂来指示滴定终点，易于观察。本实验用HCl溶液滴定NaOH溶液时，选用的甲基橙指示剂变色范围为pH=3.1（红色）～ 4.4（黄色），pH=4.0附近为橙色，终点颜色由黄色变为橙色。用NaOH溶液滴定HCl溶液时，选用的酚酞指示剂变色范围为pH=8.0（无色）～ 10.0

(红色),终点颜色由无色变为微红色。

三、实验仪器

滴定装置,碱式滴定管,酸式滴定管,锥形瓶(250 mL),烧杯(200 mL)等。

四、实验试剂

浓盐酸,氢氧化钠,甲基橙,酚酞。

溶液配制方法如下:

1. HCl溶液($0.10\ mol \cdot L^{-1}$):移取8.3 mL浓盐酸到1 000 mL容量瓶中,用蒸馏水定容。

2. NaOH溶液($0.10\ mol \cdot L^{-1}$):称取4.0 g氢氧化钠固体于烧杯中,溶解、冷却后转入1 000 mL容量瓶中,用蒸馏水定容。

3. 甲基橙指示剂(0.1%):称取0.1 g甲基橙固体于100 mL容量瓶中,加入适量蒸馏水,放置1天溶解后再用蒸馏水定容。

4. 酚酞指示剂(0.2%):称取0.2 g酚酞固体于烧杯中,加60 mL无水乙醇溶解后转入100 mL容量瓶中,用蒸馏水定容。

五、实验内容与步骤

1. 滴定管的准备

按照第一章中“滴定管的使用”对酸式、碱式滴定管进行检漏、洗涤后,将HCl溶液装入酸式滴定管中,NaOH溶液装入碱式滴定管中,均装至“0.00”刻度线上。然后排出两滴定管管尖空气泡,并将两滴定管液面调节至“0.00”刻度线或稍下处,静止1 min后,准确读取滴定管内液面位置,并记录读数。

2. HCl溶液与NaOH溶液的相互滴定

(1)HCl溶液滴定NaOH溶液

取一个洗净后的锥形瓶放在碱式滴定管下,由滴定管放出约20 mL NaOH溶液于锥形瓶中,读取并记录NaOH溶液的精确体积;加入1 ~ 2滴甲基橙指示剂,用HCl溶液滴定。滴定过程中,边滴边摇动锥形瓶,使溶液充分反应;待滴定到终点附近时,需逐滴或半滴滴定至溶液恰好由黄色转变为橙色,滴定终点到达,准确读取并记录HCl溶液的体积。

分别向两滴定管中加入HCl溶液、NaOH溶液并调节液面至零刻度附近,重复以上操作,并记录读数。平行滴定三次。

(2)NaOH溶液滴定HCl溶液

另取一个洗净后的锥形瓶放在酸式滴定管下,由滴定管放出约20 mL HCl溶液于锥形瓶中，读取并记录HCl溶液的精确体积；加入1 ~ 2滴酚酞指示剂，用NaOH溶液滴定。滴定过程中，边滴边摇动锥形瓶，使溶液充分反应；待滴定到终点附近时，需逐滴或半滴滴定至溶液恰好由无色转变为微红色，滴定终点到达，准确读取并记录NaOH溶液的体积。

分别向两滴定管中加入NaOH溶液、HCl溶液并调节液面至零刻度附近，重复以上操作，并记录读数。平行滴定三次。

六、实验注意事项

1. 本实验NaOH溶液的配制方法比较简单，但不严格；因为市售的固体NaOH常因吸收CO_2而混有少量Na_2CO_3，以致在分析结果中引入误差；若要求严格，配制NaOH溶液时必须设法除去CO_3^{2-}。

2. NaOH溶液腐蚀玻璃，不能使用玻璃瓶塞，而要使用橡皮塞；长期放置的NaOH溶液，最好装入广口瓶中，瓶塞上部装一碱石灰管，以防止吸收CO_2和水分。

3. 甲基橙指示剂由黄色变为橙色的终点不易观察，实验中应多进行颜色对比，有助于确定橙色。

4. 滴定管的体积读数和记录应至小数点后两位，最后一位为估读数字，不能省略。

七、实验数据记录与处理

1. 数据记录

将实验数据记录在表3.1和表3.2中。

（1）HCl溶液滴定NaOH溶液（以甲基橙为指示剂）（表3.1）

表3.1　HCl溶液滴定NaOH溶液（以甲基橙为指示剂）实验数据记录表

项目 \ 平行滴定次数	Ⅰ	Ⅱ	Ⅲ
NaOH终读数（mL）			
NaOH初读数（mL）			
V_{NaOH}（mL）			
HCl终读数（mL）			
HCl初读数（mL）			
V_{HCl}（mL）			

（2）NaOH溶液滴定HCl溶液（以酚酞为指示剂）（表3.2）

表3.2　NaOH溶液滴定HCl溶液（以酚酞为指示剂）实验数据记录表

项目 \ 平行滴定次数	Ⅰ	Ⅱ	Ⅲ
HCl终读数（mL）			
HCl初读数（mL）			
V_{HCl}（mL）			
NaOH终读数（mL）			
NaOH初读数（mL）			
V_{NaOH}（mL）			

2. 数据处理

按照表3.3和表3.4中所列项进行数据处理。

（1）HCl溶液滴定NaOH溶液（以甲基橙为指示剂）（表3.3）

表3.3　HCl溶液滴定NaOH溶液（以甲基橙为指示剂）数据处理表

项目 \ 平行滴定次数	Ⅰ	Ⅱ	Ⅲ
V_{NaOH}（mL）			
V_{HCl}（mL）			
V_{HCl}/V_{NaOH}			
V_{HCl}/V_{NaOH}平均值			
个别测定的绝对偏差			
相对偏差（%）			
相对平均偏差（%）			

要求滴定的相对偏差在 ±0.2%以内。

（2）NaOH溶液滴定HCl溶液（以酚酞为指示剂）（表3.4）

表3.4　NaOH溶液滴定HCl溶液（以酚酞为指示剂）数据处理表

项目 \ 平行滴定次数	Ⅰ	Ⅱ	Ⅲ
V_{HCl}（mL）			
V_{NaOH}（mL）			
V_{HCl}/V_{NaOH}			
V_{HCl}/V_{NaOH}平均值			
V_{NaOH}平均值（mL）			
三次间V_{NaOH}最大绝对差值（mL）			

要求三次滴定之间所消耗的NaOH溶液体积的最大差值不超过 ±0.04 mL。

思 考 题

1. 滴定管在装入溶液前为什么要用该溶液润洗内壁2 ~ 3次？用于滴定的锥形瓶或烧杯是否需要干燥？要不要用该溶液润洗？为什么？

2. 为什么不能用直接法配制NaOH标准溶液？

3. 用HCl溶液滴定NaOH溶液时是否可用酚酞作指示剂？为什么？

4. 在每次滴定完成后，为什么要将溶液加至滴定管零点或近零点后再进行第二次滴定？

5. 在HCl溶液与NaOH溶液的相互滴定中，以甲基橙和酚酞作指示剂，所得的溶液体积比是否一致？为什么？

实验二　混合碱的测定

一、实验目的

1. 了解双指示剂法的使用及其优缺点。
2. 掌握双指示剂法测定混合碱的基本原理和方法。
3. 学会双指示剂法确定滴定终点的方法。

二、实验原理

混合碱是指碳酸钠（Na_2CO_3）和氢氧化钠（NaOH）或碳酸钠（Na_2CO_3）和碳酸氢钠（$NaHCO_3$）的混合物，可采用“双指示剂法”进行测定，即在同一份试液中用两种不同指示剂进行测定的方法，常用的两种指示剂为酚酞和甲基橙，该法简便、快速，在生产实际中应用普遍。

双指示剂法测定混合碱的原理和方法为：在混合碱试液中先加入酚酞指示剂，此时溶液呈红色，用HCl标准溶液滴定至红色刚刚褪去，记下HCl标准溶液的消耗量V_1；然后在该试液中加入甲基橙指示剂，此时溶液呈黄色，用HCl标准溶液继续滴定至终点，溶液由黄色转变为橙色，记下HCl标准溶液的消耗量V_2。根据V_1和V_2的大小可判断混合碱的组成以及各组分的含量，可分为下列两种情况：

（1）当$V_1 > V_2$时，混合碱为Na_2CO_3和NaOH的混合物

当试液中加入酚酞指示剂时，由于酚酞的变色范围为pH=8.0 ～ 10.0，此时NaOH完全被中和，Na_2CO_3被滴定成$NaHCO_3$，化学反应为

$$HCl + NaOH \longequal NaCl + H_2O$$

$$HCl + Na_2CO_3 \longequal NaCl + NaHCO_3$$

当试液中接着加入甲基橙指示剂时，由于甲基橙的变色范围为pH=3.1 ～ 4.4，此时$NaHCO_3$被滴定成H_2CO_3（可分解为CO_2和H_2O），化学反应为

$$HCl + NaHCO_3 \longequal NaCl + CO_2\uparrow + H_2O$$

根据上述化学反应式以及V_1、V_2值可计算出混合碱试液中NaOH及Na_2CO_3的含量，计算式如下：

$$x_{NaOH} = \frac{(V_1 - V_2) \times c_{HCl} \times M_{NaOH}}{V_{试}} \tag{3.1}$$

$$x_{Na_2CO_3} = \frac{V_2 \times c_{HCl} \times M_{Na_2CO_3}}{V_{试}} \tag{3.2}$$

式中，x表示混合试液中组分的含量（$g \cdot L^{-1}$）；c表示浓度（$mol \cdot L^{-1}$）；M表示组分的摩尔质量（$g \cdot mol^{-1}$）；V表示试液的体积（mL）。

（2）当$V_1 < V_2$时，混合碱为Na_2CO_3和$NaHCO_3$的混合物

以同样方法先后加入酚酞指示剂、甲基橙指示剂，涉及的化学反应为

$$HCl + Na_2CO_3 = NaCl + NaHCO_3$$

$$HCl + NaHCO_3 = NaCl + CO_2 \uparrow + H_2O$$

根据上述化学反应式以及V_1、V_2值可计算出混合碱试液中$NaHCO_3$及Na_2CO_3的含量，计算式如下

$$x_{NaHCO_3} = \frac{(V_2 - V_1) \times c_{HCl} \times M_{NaHCO_3}}{V_{试}} \tag{3.3}$$

$$x_{Na_2CO_3} = \frac{V_1 \times c_{HCl} \times M_{Na_2CO_3}}{V_{试}} \tag{3.4}$$

式中各物理量表示的含义和单位同上。

三、实验仪器

电子天平，滴定装置，酸式滴定管，洗耳球，移液管（25 mL），锥形瓶（250 mL），烧杯（200 mL）等。

四、实验试剂

浓盐酸，碳酸钠，氢氧化钠（或碳酸氢钠），碳酸钠（基准试剂），甲基橙，酚酞。

溶液配制方法如下：

1. HCl标准溶液（0.10 $mol \cdot L^{-1}$）：移取8.3 mL浓盐酸到1 000 mL容量瓶中，用蒸馏水定容。

2. 甲基橙指示剂（0.1%）：称取0.1 g甲基橙固体于100 mL容量瓶中，加入适量蒸馏水，放置1天溶解后再用蒸馏水定容。

3. 酚酞指示剂（0.2%）：称取0.2 g酚酞固体于烧杯中，加60 mL无水乙醇溶解后转入100 mL容量瓶中，用蒸馏水定容。

4. 混合碱试液：分别称取2.0 ~ 4.0 g碳酸钠、氢氧化钠固体（或碳酸钠、碳酸氢钠固体）溶于1 000 mL蒸馏水中。

五、实验内容与步骤

1. HCl标准溶液的标定

准确称取烘干的Na_2CO_3（基准试剂）固体0.106 ~ 0.212 g（精确至小数点后第四位）置于锥形瓶中，加入30 mL蒸馏水溶解，再加入1滴甲基橙指示剂，用0.1 mol·L^{-1} HCl标准溶液进行滴定，溶液恰好由黄色转变为橙色，即为滴定终点。以此平行标定三次，计算出HCl标准溶液的准确浓度（保留四位有效数字）。

2. 混合碱含量的测定

（1）用移液管吸取25.0 mL混合碱试液置于锥形瓶中，滴入1 ~ 2滴酚酞指示剂，用0.1 mol·L^{-1} HCl标准溶液进行滴定，边滴加边充分摇动；滴定至溶液红色恰好褪去为止，即溶液从红色变为无色，此时为滴定终点，准确读取并记录所消耗HCl标准溶液的体积V_1（mL）。

（2）然后在该试液中滴入1滴甲基橙指示剂，溶液呈黄色，继续以HCl标准溶液滴定至溶液呈橙色，此时为滴定终点，准确读取并记录所消耗HCl标准溶液的体积V_2（mL）。

（3）按照上述（1）、（2）方法进行重复实验，做三次平行实验。

六、实验注意事项

1. 混合碱试液由实验教师配制，然后根据实验滴定结果让学生判断其组成及含量；配制时固体试剂量不宜太多。

2. 酚酞指示剂变色不太敏锐，观察的灵敏性稍差；终点为溶液红色恰好褪去，滴定时应注意该变色的控制，即滴定到溶液呈微红色时，采取逐滴或半滴进行滴定，当微红色刚刚褪去，停止滴定。

七、实验数据记录与处理

1. 数据记录

将实验数据记录在表3.5和表3.6中。

（1）HCl标准溶液的标定（表3.5）

表 3.5　HCl 标准溶液的标定实验数据记录表

项目＼平行标定次数	Ⅰ	Ⅱ	Ⅲ
HCl 终读数（mL）			
HCl 初读数（mL）			
V_{HCl}（mL）			
V_{HCl} 平均值（mL）			
无水 Na_2CO_3 准确质量（g）			
计算 HCl 标准溶液浓度（$mol \cdot L^{-1}$）			

（2）混合碱含量的测定（表 3.6）

表 3.6　混合碱含量的测定实验数据记录表

项目＼平行滴定次数		Ⅰ	Ⅱ	Ⅲ
酚酞	HCl 终读数（mL）			
	HCl 初读数（mL）			
	V_1（mL）			
	V_1 平均值（mL）			
甲基橙	HCl 终读数（mL）			
	HCl 初读数（mL）			
	V_2（mL）			
	V_2 平均值（mL）			
HCl 标准溶液准确浓度（$mol \cdot L^{-1}$）				

2. 数据处理

分别取 V_1 和 V_2 的平均值，根据 V_1（平均）和 V_2（平均）的大小判断混合碱液的组成，并按照式（3.1）、式（3.2）或式（3.3）、式（3.4）计算各组分的含量（以 $g \cdot L^{-1}$ 为单位）。

思　考　题

1. 双指示剂法测定混合碱试液中 NaOH、Na_2CO_3 含量的方法是什么？有何优缺点？

2. 有一碱液，可能为 NaOH 或 $NaHCO_3$ 或 Na_2CO_3 或共存物质的混合液。用 HCl 标准溶液滴定至酚酞终点时，耗去酸的体积为 V_1（mL），继续以甲基橙为指示剂滴定至终点时，又耗去酸的体积为V_2(mL)。试根据V_1与V_2的关系判断该碱液的组成，将结果填入下表。

关系	组成
$V_1>V_2, V_2\neq 0$	
$V_1<V_2, V_1\neq 0$	
$V_1=V_2$	
$V_1=0, V_2>0$	
$V_1>0, V_2=0$	

3. 若NaOH标准溶液在保存过程中吸收了空气中的CO_2，用该标准溶液滴定HCl溶液的浓度，分别以甲基橙或酚酞作为指示剂指示终点时，对测定结果的准确度各有何影响？为什么？

实验三　自来水硬度的测定

一、实验目的

1. 了解自来水硬度的定义、分类以及常用表示方法。

2. 掌握EDTA法测定自来水硬度的原理和方法。

3. 熟悉金属指示剂（铬黑T和钙指示剂）的使用方法和指示终点的颜色变化。

二、实验原理

水的硬度是由水中钙、镁离子引起的，水中钙、镁离子含量是计算硬度的主要指标。硬度可分为暂时硬度和永久硬度，其中，暂时硬度是水中含有钙、镁的酸式碳酸盐，加热时能被分解成碳酸盐沉淀而失去硬性；永久硬度是水中含有钙、镁的硫酸盐、氯化物、硝酸盐等，在加热时不能析出沉淀。暂时硬度和永久硬度的总和称为总硬。

水中硬度的测定可分为总硬、钙硬、镁硬的测定，由钙离子（Ca^{2+}）形成的硬度称为钙硬，由镁离子（Mg^{2+}）形成的硬度称为镁硬，钙硬和镁硬的总量称为总硬。水中Ca^{2+}、Mg^{2+}的含量可用EDTA配位滴定法进行测定。

1. 总硬的测定

在pH≈10的氨性缓冲溶液中，以铬黑T（EBT）为指示剂，用EDTA标准溶液滴定水中的Ca^{2+}、Mg^{2+}，溶液由酒红色变为纯蓝色，即为滴定终点。反应式为

滴定前

$$\underset{\text{（纯蓝色）}}{\text{EBT}} + \text{M(Ca、Mg)} \xrightarrow{\text{pH=10}} \underset{\text{（酒红色）}}{\text{M-EBT}}$$

化学计量点前

$$\text{Y} + \text{M(Ca、Mg)} \longrightarrow \text{MY}$$

化学计量点时

$$\text{Y} + \underset{\text{（酒红色）}}{\text{Mg-EBT}} \longrightarrow \underset{\text{（纯蓝色）}}{\text{EBT}} + \text{MgY}$$

由EDTA标准溶液的浓度和用量，可计算出自来水的总硬。

2. 钙硬的测定

在pH≥12的溶液中，以钙指示剂（NN）为指示剂，用EDTA标准溶液滴定水中的Ca^{2+}，溶液由酒红色变为纯蓝色，即为滴定终点。终点反应式为

$$Ca\text{-}NN^- + H_2Y^{2-} + OH^- \longrightarrow CaY^{2-} + HNN^{2-} + H_2O$$

（酒红色）　　　　　　　　（纯蓝色）

由EDTA标准溶液的浓度和用量，可计算出自来水的钙硬。

3. 镁硬的确定

由总硬减去钙硬即为镁硬。

水的硬度表示方法有多种，常用的表示方法如下。

以“mmol·L^{-1}”表示

$$\text{硬度}(\text{mmol}\cdot\text{L}^{-1}) = \frac{c_{\text{EDTA}} \times V_{\text{EDTA}}}{V_{\text{水}}} \times 1\,000 \tag{3.5}$$

以“$CaCO_3$, mg·L^{-1}”表示

$$\text{硬度}(\text{CaCO}_3,\text{mg}\cdot\text{L}^{-1}) = \frac{c_{\text{EDTA}} \times V_{\text{EDTA}} \times M_{\text{CaCO}_3}}{V_{\text{水}}} \times 1\,000 \tag{3.6}$$

以“CaO, mg·L^{-1}”表示

$$\text{硬度}(\text{CaO},\text{mg}\cdot\text{L}^{-1}) = \frac{c_{\text{EDTA}} \times V_{\text{EDTA}} \times M_{\text{CaO}}}{V_{\text{水}}} \times 1\,000 \tag{3.7}$$

以“德国度(°)”表示

1度(°)表示十万份水中含1份CaO，即$1° = 10^{-5}$ g·mL^{-1} CaO = 10 mg·L^{-1} CaO。

$$\text{硬度}(°)\frac{c_{\text{EDTA}} \times V_{\text{EDTA}} \times \frac{M_{\text{CaO}}}{1\,000}}{V_{\text{水}}} \times 10^5 \tag{3.8}$$

式(3.5)~式(3.8)中c_{EDTA}表示EDTA标准溶液的浓度(mol·L^{-1})；V_{EDTA}表示滴定时消耗EDTA标准溶液的体积(mL)；$V_{\text{水}}$表示水样体积(mL)；M_{CaCO_3}表示$CaCO_3$的摩尔质量(g·mol^{-1})；M_{CaO}表示CaO的摩尔质量(g·mol^{-1})。

本实验中各硬度采用“mmol·L^{-1}”和“$CaCO_3$, mg·L^{-1}”两种方法进行表示。

三、实验仪器

电子天平，滴定装置，酸式滴定管，洗耳球，移液管(5 mL, 25 mL)，锥形瓶(250 mL)，烧杯(200 mL)等。

四、实验试剂

乙二胺四乙酸二钠(Na_2-EDTA)，浓盐酸，无水碳酸钙(基准试剂)，氯化铵，

浓氨水，氢氧化钠，铬黑T，钙指示剂。

溶液配制方法如下：

1. EDTA标准溶液（0.01 mol·L^{-1}）：称取4.0 g Na_2-EDTA固体于烧杯中，加入300 ~ 400 mL热蒸馏水，溶解、冷却后转入1 000 mL容量瓶中，用蒸馏水定容。

2. HCl溶液（1+1）：移取25 mL浓盐酸到50 mL容量瓶中，用蒸馏水定容。

3. Ca^{2+}标准溶液（0.010 mol·L^{-1}）：准确称取已在110℃下烘干2 h的无水碳酸钙（基准试剂）固体0.2 ~ 0.3 g（精确至小数点后第四位）置于烧杯中，先用少量蒸馏水润湿，盖上表面皿，再用小滴管从烧杯杯嘴边逐滴加入5 ~ 10 mL HCl溶液（1+1），使$CaCO_3$完全溶解后，加入50 mL蒸馏水，加热微沸数分钟以除去CO_2。冷却后用蒸馏水冲洗烧杯内壁和表面皿，将溶液转入250 mL容量瓶中，用蒸馏水定容。

4. NH_3-NH_4Cl缓冲溶液（pH≈10）：称取2.0 g氯化铵固体于烧杯中，用少量蒸馏水溶解后，再加入10 mL浓氨水，转入100 mL容量瓶中，用蒸馏水定容。

5. NaOH溶液（10%）：称取10.0 g氢氧化钠固体于烧杯中，溶解、冷却后转入100 mL容量瓶中，用蒸馏水定容。

五、实验内容与步骤

1. EDTA标准溶液的标定

用移液管准确移取25.0 mL 0.010 mol·L^{-1} Ca^{2+}标准溶液置于锥形瓶中，加入25 mL蒸馏水、5 mL 10% NaOH溶液以及约0.01 g钙指示剂，摇匀后，用0.01 mol·L^{-1}EDTA标准溶液进行滴定，溶液恰好由酒红色转变为蓝色，即为滴定终点。以此平行标定三次，计算出EDTA标准溶液的准确浓度（保留四位有效数字）。

2. 总硬的测定

用移液管准确量取100.0 mL自来水置于锥形瓶中，加入5.0 mL NH_3-NH_4Cl缓冲溶液，摇匀；再加入约0.01 g铬黑T固体指示剂，摇匀，此时溶液呈酒红色。用0.01 mol·L^{-1} EDTA标准溶液滴定溶液恰好变为纯蓝色，即为滴定终点。

按照上述方法进行重复实验，做三次平行实验。

3. 钙硬的测定

用移液管准确量取100.0 mL自来水置于锥形瓶中，加入5.0 mL 10% NaOH溶液，摇匀；再加入约0.01 g钙指示剂，摇匀，此时溶液呈酒红色。用0.01 mol·L^{-1} EDTA标准溶液滴定溶液恰好变为纯蓝色，即为滴定终点。

按照上述方法进行重复实验，做三次平行实验。

4. 镁硬的确定

由总硬减去钙硬即为镁硬。

六、实验注意事项

1. 取样量100 mL仅适于硬度按$CaCO_3$计算为10 ~ 250 mg·L^{-1}的水样，若硬度大于250 mg·L^{-1} $CaCO_3$，则取样量应相应减少。

2. 硬度较大的水样，加入NH_3-NH_4Cl缓冲溶液后常析出$CaCO_3$、$(MgOH)_2CO_3$等微粒，使滴定终点不稳定。遇此情况，可在水样中加适量稀HCl溶液，振摇后，再调至近中性，然后加缓冲溶液，则终点稳定。

3. 指示剂的加入量不宜太多，否则会影响终点的观察，每次加入量约为0.01 g（绿豆大小）。

七、实验数据记录与处理

1. 数据记录

将实验数据记录在表3.7和表3.8中。

（1）EDTA标准溶液的标定（表3.7）

表3.7 EDTA标准溶液的标定实验数据记录表

项目 \ 平行标定次数	Ⅰ	Ⅱ	Ⅲ
EDTA终读数（mL）			
EDTA初读数（mL）			
V_{EDTA}（mL）			
V_{EDTA}平均值（mL）			
Ca^{2+}标准溶液浓度（mol·L^{-1}）			
所取Ca^{2+}标准溶液体积（mL）			
计算EDTA标准溶液浓度（mol·L^{-1}）			

（2）自来水硬度的测定（表3.8）

表3.8 自来水硬度的测定实验数据记录表

项目 \ 平行滴定次数		Ⅰ	Ⅱ	Ⅲ
总硬	EDTA终读数（mL）			
	EDTA初读数（mL）			
	V_1（mL）			

续上表

项目 \ 平行滴定次数		Ⅰ	Ⅱ	Ⅲ
总硬	V_1平均值(mL)			
钙硬	EDTA终读数(mL)			
	EDTA初读数(mL)			
	V_2(mL)			
	V_2平均值(mL)			
EDTA标准溶液准确浓度($mol \cdot L^{-1}$)				

2. 数据处理

根据实验数据，按照式(3.5)、式(3.6)计算出水样中总硬、钙硬，再用其差值计算出镁硬，结果分别采用“$mmol \cdot L^{-1}$”和“$CaCO_3$, $mg \cdot L^{-1}$”两种方法表示。

思　考　题

1. 若对硬度测定中的数据要求保留小数点后两位数字，应如何量取100 mL水样？

2. 总硬的测定为什么要在NH_3-NH_4Cl缓冲溶液中进行？若没有缓冲溶液的存在，将会导致什么现象发生？

3. 用EDTA配位滴定法测定水的总硬和钙硬时，分别采用什么指示剂？如何控制试液pH值，应控制在什么范围？终点如何变色？

实验四　过氧化氢含量的测定

一、实验目的

1. 了解自动催化反应，认识高锰酸钾可作自身指示剂的特点。
2. 熟悉高锰酸钾溶液的配制和标定方法。
3. 掌握高锰酸钾法测定过氧化氢含量的原理和方法。

二、实验原理

氧化还原滴定分析法应用非常广泛，主要有高锰酸钾法、重铬酸钾法、碘量法等。本实验采用高锰酸钾法对过氧化氢的含量进行测定。

过氧化氢（H_2O_2）又称双氧水，其分子中有一个过氧键（—O—O—），在酸性溶液中为强氧化剂，但遇高锰酸钾（$KMnO_4$）时却表现为还原剂。测定H_2O_2的含量时，在稀硫酸（H_2SO_4）溶液中用$KMnO_4$标准溶液进行滴定，反应式为

$$5H_2O_2 + 2MnO_4^- + 6H^+ \xlongequal{} 2Mn^{2+} + 5O_2\uparrow + 8H_2O$$

该反应开始时反应速率缓慢，待Mn^{2+}生成后，由于Mn^{2+}的催化作用，加快了反应速率，故能顺利地滴定到呈现稳定的微红色，即为滴定终点，称该反应为自动催化反应。稍过量的滴定剂$KMnO_4$本身的紫红色即显示终点，故$KMnO_4$可作自身指示剂。

因H_2O_2与$KMnO_4$溶液开始反应速率很慢，可加入2 ~ 3滴1.0 mol·L^{-1}硫酸锰（$MnSO_4$）溶液作为催化剂，以加快反应速率。

由$KMnO_4$标准溶液的浓度和用量，可计算出试样中H_2O_2的含量，计算式如下

$$c_{H_2O_2} = \frac{5}{2} \times \frac{c_{KMnO_4} \times V_{KMnO_4} \times M_{KMnO_4}}{V_{试}} \times n \tag{3.9}$$

式中，$c_{H_2O_2}$表示H_2O_2的浓度（g·L^{-1}）；c_{KMnO_4}表示$KMnO_4$标准溶液的浓度（mol·L^{-1}）；V_{KMnO_4}表示滴定时消耗$KMnO_4$标准溶液的体积（mL）；$M_{H_2O_2}$表示H_2O_2的摩尔质量（g·mol^{-1}）；$V_{试}$表示滴定时所取稀释后H_2O_2溶液的体积（mL）；n表示稀释倍数。

三、实验仪器

电子天平，恒温水浴锅，滴定装置，酸式滴定管（棕色），洗耳球，移液管（1 mL，25 mL），量筒（100 mL），容量瓶（250 mL），锥形瓶（250 mL），烧杯

（200 mL）等。

四、实验试剂

过氧化氢（原装），高锰酸钾，浓硫酸，硫酸锰，草酸钠（基准试剂）。

溶液配制方法如下：

1. $KMnO_4$标准溶液（0.02 mol·L^{-1}）：称取1.6 g高锰酸钾固体于烧杯中，加入500 mL蒸馏水，盖上表面皿，加热至沸，并保持微沸1 h；冷却后，用微孔玻璃漏斗过滤，滤液贮存于棕色试剂瓶中。将溶液在室温下静置2 ～ 3天后过滤备用。

2. H_2SO_4溶液（1+5）：用量筒量取100 mL浓硫酸，缓慢加入到盛有500 mL蒸馏水的烧杯中，冷却后转入试剂瓶中备用。

3. $MnSO_4$溶液（1.0 mol·L^{-1}）：称取8.451 g硫酸锰（$MnSO_4 \cdot H_2O$）固体于烧杯中，溶解后转入50 mL容量瓶中，用蒸馏水定容。

五、实验内容与步骤

1. $KMnO_4$标准溶液的标定

准确称取$Na_2C_2O_4$（基准试剂）固体0.15 ～ 0.20 g（精确至小数点后第四位）置于锥形瓶中，用量筒加入60 mL蒸馏水溶解，再加入15 mL H_2SO_4溶液（1+5），在水浴上加热到75 ～ 85℃，趁热用0.02 mol·L^{-1} $KMnO_4$标准溶液进行滴定。滴定过程中，开始滴定时反应速率慢，滴定速度要慢，待溶液中产生了Mn^{2+}后，滴定速度可加快，直到溶液呈现微红色并持续30 s内不褪色，即为滴定终点。以此平行标定三次，计算出$KMnO_4$标准溶液的准确浓度（保留四位有效数字）。实验中可称取三份基准试剂，在水浴上同时加热。

2. H_2O_2含量的测定

用移液管吸取1.0 mL原装H_2O_2置于250 mL容量瓶中，加入蒸馏水稀释至刻度，充分摇匀。再用移液管准确移取25.0 mL该稀释后的H_2O_2溶液置于锥形瓶中，用量筒加入60 mL蒸馏水和30 mL H_2SO_4溶液（1+5），再加入2 ～ 3滴1.0 mol·L^{-1} $MnSO_4$溶液，用0.02 mol·L^{-1} $KMnO_4$标准溶液滴定至微红色在30 s内不消失，即为滴定终点。

按照上述方法进行重复实验，做三次平行实验。

六、实验注意事项

1. 市售的原装H_2O_2为30%的水溶液，极不稳定，滴定前需先用蒸馏水稀释到一定浓度，以减少实验误差。

2. 配制$KMnO_4$标准溶液时，蒸馏水中常含有少量还原性物质，使$KMnO_4$还原为MnO_2，它能加速$KMnO_4$的分解，故通常将$KMnO_4$溶液煮沸一段时间，放置2～3天，使之充分作用，然后将沉淀物过滤除去。

3. 标定$KMnO_4$标准溶液时，在室温条件下$KMnO_4$与$C_2O_4^{2-}$之间的反应速率缓慢，故需加热提高反应速率，但温度不能太高，若超过85℃，则有部分$H_2C_2O_4$分解。

4. H_2SO_4具有很强的腐蚀性，使用时需小心，并且避免浪费。

七、实验数据记录与处理

1. 数据记录

将实验数据记录在表3.9和表3.10中。

（1）$KMnO_4$标准溶液的标定（表3.9）

表3.9 $KMnO_4$标准溶液的标定实验数据记录表

项目 \ 平行标定次数	Ⅰ	Ⅱ	Ⅲ
$KMnO_4$终读数（mL）			
$KMnO_4$初读数（mL）			
V_{KMnO_4}（mL）			
V_{KMnO_4}平均值（mL）			
$Na_2C_2O_4$准确质量（g）			
计算$KMnO_4$标准溶液浓度（$mol \cdot L^{-1}$）			

（2）H_2O_2含量的测定（表3.10）

表3.10 H_2O_2含量的测定实验数据记录表

项目 \ 平行滴定次数	Ⅰ	Ⅱ	Ⅲ
$KMnO_4$终读数（mL）			
$KMnO_4$初读数（mL）			
V_{KMnO_4}（mL）			
V_{KMnO_4}平均值（mL）			
$KMnO_4$标准溶液准确浓度（$mol \cdot L^{-1}$）			

2. 数据处理

根据实验数据，按照式（3.9）计算出H_2O_2的含量（以$g \cdot L^{-1}$为单位）。

思 考 题

1. 配制$KMnO_4$溶液时应注意些什么?
2. 标定$KMnO_4$溶液时应注意哪些重要条件?
3. 用$KMnO_4$法测定H_2O_2时，能否用HNO_3、HCl或HOAc控制酸度？为什么?

实验五　自来水中氯含量的测定

一、实验目的

1. 了解沉淀滴定法中银量法的基本原理和分类。
2. 熟悉硝酸银标准溶液的配制和标定方法。
3. 掌握摩尔法测定氯离子的原理和方法。

二、实验原理

某些可溶性氯化物中的氯含量可采用沉淀滴定法中银量法进行测定。银量法按指示剂的不同可分为摩尔法（以铬酸钾为指示剂）、佛尔哈德法（以铁铵矾为指示剂）和法扬司法（以吸附指示剂指示终点）。由于摩尔法的操作最为简单，尽管干扰较多，但测定一般水样中的氯离子（Cl^-）时多数仍选用该法。本实验采用摩尔法测定自来水中Cl^-的含量。

摩尔法是在中性或弱碱性介质中，以铬酸钾（K_2CrO_4）为指示剂，用硝酸银（$AgNO_3$）标准溶液进行滴定试液中Cl^-的一种方法。由于氯化银（AgCl）的溶解度小于铬酸银（Ag_2CrO_4），故在用$AgNO_3$标准溶液滴定试液中Cl^-时，首先生成AgCl沉淀，当AgCl沉淀完全后，过量的$AgNO_3$溶液与CrO_4^{2-}作用生成砖红色沉淀，指示终点的到达。反应式为

$$Ag^+ + Cl^- \rightleftharpoons AgCl\downarrow(白) \qquad (K_{sp}=1.8\times10^{-10})$$

$$2Ag^+ + CrO_4^{2-} \rightleftharpoons Ag_2CrO_4\downarrow(砖红色) \qquad (K_{sp}=2.0\times10^{-12})$$

滴定必须在中性或弱碱性介质中进行，最佳pH值范围为6.5 ~ 10.5，若有NH_4^+存在时pH值范围则为6.5 ~ 7.2。酸度过高会因CrO_4^{2-}质子化而不产生Ag_2CrO_4沉淀，过低则生成Ag_2O沉淀。指示剂的用量对滴定也有影响，根据肉眼一般能观察到的指示剂色变，指示剂量一般控制在5×10^{-3} mol·L^{-1}为宜。

在摩尔法测定中，凡是能与Ag^+形成难溶化合物或配合物的阴离子都会干扰测定，如PO_4^{3-}、AsO_4^{3-}、SO_3^{2-}、S^{2-}、CO_3^{2-}、$C_2O_4^{2-}$等。大量有色离子会影响终点的观察，如Cu^{2+}、Ni^{2+}、Co^{2+}等。能与CrO_4^{2-}形成沉淀的离子也干扰测定，如Ba^{2+}、Pb^{2+}等。高价金属离子在中性介质中易水解而影响测定，如Al^{3+}、Fe^{3+}、Bi^{3+}等。若水样中存在上述干扰离子，应先采取适当方法消除后再进行测定。

三、实验仪器

电子天平，滴定装置，酸式滴定管（棕色），洗耳球，移液管（1 mL，25 mL），锥形瓶（250 mL），烧杯（200 mL）等。

四、实验试剂

硝酸银，氯化钠（基准试剂），铬酸钾。

溶液配制方法如下：

1. $AgNO_3$标准溶液（0.01 mol·L^{-1}）：称取0.85 g硝酸银固体于烧杯中，溶解后转入500 mL容量瓶中，用蒸馏水定容。将溶液转入棕色细口瓶中，置暗处保存。

2. NaCl标准溶液（0.01 mol·L^{-1}）：准确称取氯化钠（基准试剂）固体0.05 ~ 0.06 g（精确至小数点后第四位）置于烧杯中，溶解后转入100 mL容量瓶中，用蒸馏水定容。

3. K_2CrO_4溶液（5%）：称取5.0 g铬酸钾固体于烧杯中，溶解后转入100 mL容量瓶中，用蒸馏水定容。

五、实验内容与步骤

1. $AgNO_3$标准溶液的标定

用移液管准确移取25.0 mL 0.01 mol·L^{-1} NaCl标准溶液置于锥形瓶中，加入25 mL蒸馏水、1.0 mL 5% K_2CrO_4溶液，在不断摇动下用0.01 mol·L^{-1} $AgNO_3$标准溶液进行滴定，当白色沉淀中出现砖红色沉淀，即为滴定终点。以此平行标定三次，计算出$AgNO_3$标准溶液的准确浓度（保留四位有效数字）。

2. 自来水中Cl^-含量的测定

用移液管准确量取100.0 mL自来水置于锥形瓶中，加入1.0 mL 5% K_2CrO_4溶液，在不断摇动下用0.01 mol·L^{-1} $AgNO_3$标准溶液进行滴定，当白色沉淀中出现砖红色沉淀，即为滴定终点。

按照上述方法进行重复实验，做三次平行实验。

六、实验注意事项

1. 标定$AgNO_3$标准溶液时，加蒸馏水稀释试液是为了减少沉淀对被测离子的吸附。

2. 滴定中终点是沉淀中的颜色变化，即白色沉淀中出现砖红色沉淀为滴定终点。

3. 滴定过程中需充分摇动锥形瓶。

4. $AgNO_3$溶液与皮肤接触，会立即形成黑色金属银，很难洗去，滴定时需小心。

5. $AgNO_3$比较昂贵,使用时避免浪费,剩余废液应做回收处理。

七、实验数据记录与处理

1. 数据记录

将实验数据记录在表3.11和表3.12中。

(1)$AgNO_3$标准溶液的标定(表3.11)

表3.11　$AgNO_3$标准溶液的标定实验数据记录表

项目＼平行标定次数	Ⅰ	Ⅱ	Ⅲ
$AgNO_3$终读数(mL)			
$AgNO_3$初读数(mL)			
V_{AgNO_3}(mL)			
V_{AgNO_3}平均值(mL)			
NaCl标准溶液浓度(mol·L^{-1})			
所取NaCl标准溶液体积(mL)			
计算$AgNO_3$标准溶液浓度(mol·L^{-1})			

(2)自来水中Cl^-含量的测定(表3.12)

表3.12　自来水中Cl^-含量的测定实验数据记录表

项目＼平行滴定次数	Ⅰ	Ⅱ	Ⅲ
$AgNO_3$终读数(mL)			
$AgNO_3$初读数(mL)			
V_{AgNO_3}(mL)			
V_{AgNO_3}平均值(mL)			
$AgNO_3$标准溶液准确浓度(mol·L^{-1})			

2. 数据处理

根据实验数据,按照Ag^+与Cl^-的化学反应式计算出自来水中Cl^-含量(以mg·L^{-1}为单位)。

思　考　题

1. $AgNO_3$溶液应装在酸式滴定管内还是碱式滴定管内？为什么？

2. 滴定中为什么需对指示剂K_2CrO_4的量加以控制？

3. 滴定中试液的酸度宜控制在什么范围内？为什么？若有NH_4^+存在时，酸度又需控制在什么范围内？为什么？

4. 滴定过程中为什么要充分摇动锥形瓶？

实验六　铁含量的测定

一、实验目的

1. 了解可见分光光度计的构造。
2. 熟悉可见分光光度计的使用方法。
3. 掌握邻二氮杂菲分光光度法测定铁的原理和方法。
4. 学会用计算机绘制标准曲线。

二、实验原理

试样中铁的含量可采用分光光度法进行测定，可选用的显色剂较多，如邻二氮杂菲及其衍生物、磺基水杨酸、硫氰酸盐等，其中邻二氮杂菲（又称邻菲罗啉，简写为phen）是测定微量铁的一种较好试剂，具有灵敏度高、稳定性好、选择性高、干扰容易消除等优点。本实验采用邻二氮杂菲分光光度法测定试样中铁的含量。

在pH=2 ~ 9的范围内，Fe^{2+}与邻二氮杂菲（phen）反应生成极稳定的橘红色配合物$[Fe(phen)_3]^{2+}$，20℃时该配合物的$\lg K_{稳}$为21.3，反应式为

$$Fe^{2+} + 3phen \longrightarrow [Fe(phen)_3]^{2+}$$

该配合物的最大吸收峰在510 nm处，摩尔吸收系数ε_{510}为$1.1\times10^4\ L\cdot mol^{-1}\cdot cm^{-1}$。

当试样中含有Fe^{3+}时，其与邻二氮杂菲也能生成3∶1的淡蓝色配合物，其$\lg K_{稳}$为14.1。因此，在显色之前应先用盐酸羟胺（$NH_2OH\cdot HCl$）将Fe^{3+}还原成Fe^{2+}，反应式为

$$2Fe^{3+} + 2NH_2OH\cdot HCl \longrightarrow 2Fe^{2+} + N_2\uparrow + 2H_2O + 4H^+ + 2Cl^-$$

用邻二氮杂菲分光光度法测定铁时，需控制溶液的酸度在pH=5左右较为适宜。酸度太高，显色反应进行较慢；酸度太低，则Fe^{2+}易发生水解，影响显色。

根据朗伯-比尔定律$A=\varepsilon bc$可知，在一定条件下，固定波长（λ）和吸光厚度（b），配制一系列不同浓度的标准溶液，测定各溶液的吸光度。以吸光度（A）为纵坐标，标准溶液浓度（c）为横坐标作图，可得一条直线，即为标准曲线。再在相同条件下测定未知试样的吸光度，可由标准曲线方程计算出对应的浓度值，进而求出试样中相应物质的含量。

三、实验仪器

可见分光光度计，洗耳球，移液管，比色管（25 mL）等。

四、实验试剂

硫酸铁铵，邻二氮杂菲，盐酸羟胺，无水乙酸钠，硫酸亚铁，硫酸铁，浓盐酸。

溶液配制方法如下：

1. HCl溶液（2 mol·L^{-1}）：移取16.7 mL浓盐酸到100 mL容量瓶中，用蒸馏水定容。

2. Fe标准溶液（10 mg·L^{-1}）：准确称取0.432 0 g硫酸铁铵固体于烧杯中，加入15 mL 2 mol·L^{-1} HCl溶液溶解后，转入500 mL容量瓶中，用蒸馏水定容，配得Fe标准储备液（100 mg·L^{-1}）。准确移取10.0 mL该Fe标准储备液到100 mL容量瓶中，用蒸馏水定容，配得Fe标准溶液。

3. 邻二氮杂菲溶液（0.1%）：称取1.0 g邻二氮杂菲固体于烧杯中，加热溶解，冷却后转入1 000 mL容量瓶中，用蒸馏水定容。

4. 盐酸羟胺溶液（10%）：称取50 g盐酸羟胺固体于烧杯中，溶解后转入500 mL容量瓶中，用蒸馏水定容。

5. NaOAC溶液（1 mol·L^{-1}）：称取82 g无水乙酸钠固体于烧杯中，加热溶解，冷却后转入1 000 mL容量瓶中，用蒸馏水定容。

6. 含Fe水样：称取0.005 g硫酸亚铁固体和0.005 g硫酸铁固体于烧杯中，溶解后转入1 000 mL容量瓶中，用自来水定容。

五、实验内容与步骤

1. 标准曲线的绘制

取7支洁净的25 mL比色管，进行编号。用移液管准确吸取10 mg·L^{-1} Fe标准溶液0.0 mL、1.0 mL、2.0 mL、3.0 mL、4.0 mL、5.0 mL和6.0 mL分别加入到7支比色管中。其中，第一支比色管中不加Fe标准溶液（即0.0 mL）为空白试剂，用作参比溶液。然后在上述7支比色管中均加入0.5 mL 10%盐酸羟胺溶液，摇匀；再均加入2.5 mL 1 mol·L^{-1} NaOAc溶液，再均加入1.5 mL 0.1%邻二氮杂菲溶液，最后均以蒸馏水稀释至25 mL刻度，摇匀。放置10 min后，用1 cm比色皿，以空白试剂作参比，在最大吸收波长λ_{max}为510 nm处，采用可见分光光度计测定各比色管中溶液的吸光度A。

2. 水样中Fe含量的测定

用移液管准确吸取5.0 mL待测含Fe水样于25 mL比色管中，然后按照标准曲线绘制中的方法加入各试剂。放置10 min后，用1 cm比色皿，空白试剂作参比，波长为510 nm处，采用可见分光光度计测定其吸光度$A_{水样}$。

六、实验注意事项

1. 在移取Fe标准溶液时务必用移液管准确吸取。

2. 在标准曲线的绘制中，需按照顺序加入各试剂，且步骤中要求摇匀时必须在加入试剂后摇匀。

3. 水样Fe含量中的吸光度测定与标准曲线绘制中的吸光度测定宜同时进行。

七、实验数据记录与处理

1. 数据记录

将实验数据记录在表3.13中。

表3.13 实验数据记录表

编号	0	1	2	3	4	5	6	水样
Fe标准溶液体积（mL）								—
Fe浓度c（$mg \cdot L^{-1}$）								—
吸光度A								

2. 数据处理

（1）标准曲线的绘制

根据实验数据，以Fe浓度（c_{Fe}）为横坐标，吸光度（A）为纵坐标，用Excel（或Origin）绘制标准曲线，得出标准曲线的回归方程$y=ax+b$和复相关系数R^2。

（2）水样中Fe含量的确定

由水样的吸光度$A_{水样}$根据标准曲线方程计算出水样中Fe的浓度，然后乘以稀释倍数5，即为待测水样中Fe的含量（以$mg \cdot L^{-1}$为单位）。

思 考 题

1. 实验中测定Fe的适宜的酸度条件是什么？为什么？

2. 实验中测定Fe时在显色前加盐酸羟胺溶液和NaOAc溶液的目的分别是什么？

3. 在标准曲线绘制的实验中加入各试剂的顺序是否可以任意改变？为什么？

第二节　拓展类实验

实验七　自来水中硫酸盐含量的测定

一、实验目的

1. 掌握重量法测定水中硫酸盐含量的原理和方法。
2. 熟悉烘箱、干燥器、电子天平、熔结玻璃坩埚等仪器的使用方法。
3. 学会沉淀的过滤、洗涤、烘干等操作方法。

二、实验原理

硫酸盐在自然界分布广泛，地表水和地下水中的硫酸盐主要来源于岩石土壤中矿物组分的风化和淋溶。硫酸盐的测定方法较多，如硫酸钡重量法、EDTA容量法、铬酸钡光度法、铬酸钡间接原子吸收法以及离子色谱法等。本实验采用硫酸钡重量法测定自来水中硫酸盐的含量，该方法具有准确度高、操作较繁琐等特点，可以测定硫酸盐含量大于10 mg·L^{-1}的水样，测定上限为5 000 mg·L^{-1}（以SO_4^{2-}计）。

硫酸钡重量法是在盐酸（HCl）溶液中，硫酸盐（SO_4^{2-}）与加入的氯化钡（$BaCl_2$）反应形成硫酸钡（$BaSO_4$）沉淀，反应式为

$$SO_4^{2-} + Ba^{2+} = BaSO_4 \downarrow（白）$$

该沉淀反应在接近沸腾的温度下进行沉淀，并陈化一段时间之后过滤，用蒸馏水洗到无氯离子（Cl^-）为止。然后烘干或灼烧沉淀，冷却后称取$BaSO_4$的质量，通过下式可计算出试样中SO_4^{2-}的含量。

$$x_{SO_4^{2-}} = \frac{(m - m_0) \times 0.411\,6 \times 10^6}{V_{试}} \qquad (3.10)$$

式中，x表示SO_4^{2-}的含量（mg·L^{-1}）；m_0表示熔结玻璃坩埚的质量（g）；m表示熔结玻璃坩埚和$BaSO_4$沉淀的总质量（g）；$V_{试}$表示试液的体积（mL）；0.411 6为$BaSO_4$沉淀换算成SO_4^{2-}的系数；10^6为单位换算系数。

$BaSO_4$的溶解度很小，在酸性介质中进行沉淀可以防止碳酸钡（$BaCO_3$）和磷酸钡（$Ba_3(PO_3)_2$）沉淀，但是酸度高会使$BaSO_4$沉淀的溶解度增大。

三、实验仪器

烘箱，电子天平，恒温水浴锅，干燥器，熔结玻璃坩埚（G4），玻璃棒，洗耳球，移液管，烧杯等。

四、实验试剂

浓盐酸，浓氨水，氯化钡，硝酸银，甲基红。

溶液配制方法如下：

1. HCl溶液（1+1）：移取25 mL浓盐酸到50 mL容量瓶中，用蒸馏水定容。

2. $NH_3 \cdot H_2O$溶液（1+1）：移取25 mL浓氨水到50 mL容量瓶中，用蒸馏水定容。

3. $BaCl_2$溶液（100 g·L^{-1}）：称取100 g氯化钡固体于烧杯中，加热溶解，冷却后转入1000 mL容量瓶中，用蒸馏水定容。

4. $AgNO_3$溶液（0.1 mol·L^{-1}）：称取0.849 g硝酸银固体于烧杯中，溶解后转入50 mL容量瓶中，用蒸馏水定容。

5. 甲基红指示剂（0.1%）：称取0.05 g甲基红固体于烧杯中，溶解后转入50 mL容量瓶中，用蒸馏水定容。

五、实验内容与步骤

1. 沉淀

用移液管准确量取100.0 mL自来水置于500 mL烧杯中，加入2滴甲基红指示剂，用HCl溶液（1+1）或$NH_3 \cdot H_2O$溶液（1+1）调节至试液呈橙黄色，再加入2.0 mL HCl溶液（1+1），然后补加蒸馏水使烧杯中试液的总体积约为200 mL。采用恒温水浴锅加热煮沸该试液5 min后，缓慢加入10.0 mL热的$BaCl_2$溶液（100 g·L^{-1}），当不再出现$BaSO_4$沉淀时，再多加2.0 mL，继续煮沸20 min。将该试液在50 ~ 60℃下保持6 h，或在室温下放置过夜，以使沉淀陈化。

2. 过滤

将熔结玻璃坩埚（G4）在烘箱中于105℃下干燥至恒重，记录下质量。用该干燥并恒重后的结玻璃坩埚（G4）过滤上述陈化后的沉淀。即：用带橡皮头的玻璃棒将烧杯中的沉淀完全转移到坩埚中去，用热蒸馏水少量多次的洗涤沉淀，直至洗涤液中不含$C1^-$。

洗涤液中不含$C1^-$的检验方法为：在盛有5.0 mL 0.1 mol·L^{-1} $AgNO_3$溶液的小烧杯中收集约5.0 mL的过滤洗涤液，若没有沉淀生成或者不变浑浊，则表明洗涤液中已不含$C1^-$。

3. 干燥和称重

取下坩埚，并在烘箱中于105℃ ±2℃下干燥2 h，然后将坩埚放在干燥器内冷却至室温后，称重。再将坩埚放在烘箱中干燥10 min，冷却，称重，直至前后两次的质量差值不大于0.000 2 g为止，即为恒重，记录下质量。

六、实验注意事项

1. 刚开始滴加$BaCl_2$溶液时一定要慢，否则沉淀颗粒较小，容易通过熔结玻璃坩埚。

2. $BaSO_4$沉淀陈化好后，将其完全转移到熔结玻璃坩埚内是至关重要的，否则结果会偏低。

3. 过滤前不要将沉淀搅起，先将上层清液滤出；洗涤沉淀时应遵循少量多次的原则。

4. 沉淀进行恒重操作时，应注意放置相同的冷却时间、相同的称量时间，即要保持各种操作的一致性。

七、实验数据记录与处理

1. 数据记录

将实验数据记录在表3.14中（根据具体测定数据增加表格列数）。

表3.14　实验数据记录表

项目 \ 称量次数	Ⅰ	Ⅱ	Ⅲ
熔结玻璃坩埚质量m_0（g）			
熔结玻璃坩埚+$BaSO_4$沉淀质量m（g）			
$BaSO_4$沉淀质量$m-m_0$（g）			

2. 数据处理

根据实验数据，按照式（3.10）计算出自来水中SO_4^{2-}的含量（以$mg \cdot L^{-1}$为单位）。

思　考　题

1. 沉淀进行陈化的作用是什么？

2. 为什么要控制在一定酸度的HCl溶液介质中进行沉淀？

3. 为什么要在热溶液中沉淀$BaSO_4$，而要在冷却后过滤？

实验八　自来水中溶解氧的测定

一、实验目的

1. 了解水中溶解氧测定的意义。
2. 熟悉硫代硫酸钠标准溶液的配制和标定方法。
3. 学会溶解氧水样的采集方法。
4. 掌握碘量法测定水中溶解氧的原理和操作方法。

二、实验原理

溶解于水中的氧称为溶解氧（DO），水中的溶解氧主要来自空气中的氧以及水生植物释放出来的氧。水越深，水温越高，水中含盐量越多，还原性物质越多，则溶解氧越少。溶解氧的测定方法主要有膜电极法、比色法和碘量法。本实验采用碘量法测定自来水中的溶解氧。

碘量法测定水中溶解氧是基于溶解氧的氧化性能。当往水样中加入硫酸锰（$MnSO_4$）和碱性碘化钾（KI）溶液时，立即生成$Mn(OH)_2$沉淀。由于$Mn(OH)_2$极不稳定，迅速与水中溶解氧结合生成锰酸锰（$MnMnO_3$）。当加入硫酸（H_2SO_4）溶液酸化后，可使已经化合的溶解氧（以$MnMnO_3$形式存在）与溶液中加入的KI作用，将KI氧化释放出碘（I_2）。以淀粉作指示剂，用硫代硫酸钠（$Na_2S_2O_3$）滴定析出的I_2。涉及的化学反应式为

$$MnSO_4 + 2NaOH = Na_2SO_4 + Mn(OH)_2 \downarrow \ (\text{白色})$$

$$2Mn(OH)_2 + O_2 = 2H_2MnO_3 \downarrow \ (\text{棕色})$$

$$H_2MnO_3 + Mn(OH)_2 = 2H_2O + MnMnO_3 \downarrow \ (\text{棕色})$$

$$MnMnO_3 + 2I^- + 6H^+ = 2Mn^{2+} + I_2 + 3H_2O \quad (\text{加入 } H_2SO_4 \text{ 后})$$

$$I_2 + 2S_2O_3^{2-} = 2I^- + S_4O_6^{2-} \quad (Na_2S_2O_3 \text{ 滴定析出的 } I_2)$$

由$Na_2S_2O_3$标准溶液的浓度和用量，可计算出水样中溶解氧的含量，计算式如下

$$\text{溶解氧}(O_2, mg \cdot L^{-1}) = \frac{c_{Na_2S_2O_3} \times V_{Na_2S_2O_3} \times \frac{1}{4} \times M_{O_2} \times 1\,000}{V_{\text{水样}}} \tag{3.11}$$

式中，$c_{Na_2S_2O_3}$表示$Na_2S_2O_3$标准溶液浓度（$mol \cdot L^{-1}$）；$V_{Na_2S_2O_3}$表示滴定时消耗$Na_2S_2O_3$标准溶液的体积（mL）；M_{O_2}表示O_2的摩尔质量（$g \cdot mol^{-1}$）；$V_{水样}$表示水样的体积（mL）。

三、实验仪器

滴定装置，碱式滴定管，洗耳球，移液管，溶解氧瓶（250 mL），碘量瓶（250 mL），烧杯（200 mL）等。

四、实验试剂

硫代硫酸钠，碳酸钠，重铬酸钾（优级纯），碘化钾，氢氧化钠，硫酸锰，淀粉，浓硫酸。

溶液配制方法如下：

1. $Na_2S_2O_3$标准溶液（0.025 $mol \cdot L^{-1}$）：称取6.2 g硫代硫酸钠固体于烧杯中，用煮沸后放冷的蒸馏水溶解，再加入0.2 g碳酸钠，溶解后转入1 000 mL容量瓶中，用蒸馏水定容。保存在棕色瓶中。

2. $K_2Cr_2O_7$标准溶液（0.025 00 $mol \cdot L^{-1}$）：准确称取已在105 ～ 110℃下烘干2 h的重铬酸钾（优级纯）固体1.225 8 g于烧杯中，溶解后转入1 000 mL容量瓶中，用蒸馏水定容。

3. 碱性KI溶液：称取50 g氢氧化钠溶解于30 ～ 40 mL蒸馏水中，另称取15 g碘化钾溶于20 mL蒸馏水中，待氢氧化钠溶液冷却后，将两溶液转入100 mL容量瓶中，混匀后用蒸馏水定容。若有沉淀，则放置过夜后倾出上清液，贮于棕色瓶中，并用橡皮塞塞紧后避光保存。

4. $MnSO_4$溶液（1.0 $mol \cdot L^{-1}$）：称取36.4 g硫酸锰（$MnSO_4 \cdot H_2O$）固体于烧杯中，溶解后转入100 mL容量瓶中，用蒸馏水定容。

5. 淀粉溶液（1%）：称取1.0 g淀粉固体于100 mL烧杯中，用少量蒸馏水调成糊状，再加入100 mL刚煮沸的蒸馏水溶解。

6. H_2SO_4溶液（1+5）：用量筒量取20 mL浓硫酸，缓慢加入盛有100 mL蒸馏水的烧杯中，冷却后转入到试剂瓶中备用。

五、实验内容与步骤

1. $Na_2S_2O_3$标准溶液的标定

在碘量瓶中加入1 g KI和100 mL蒸馏水，溶解后，用移液管准确移取10.0 mL 0.025 00 $mol \cdot L^{-1}$ $K_2Cr_2O_7$标准溶液加入到该碘量瓶中，再加入5.0 mL H_2SO_4溶液（1+5），盖紧塞子，摇匀。于暗处静置5 min后，用0.025 $mol \cdot L^{-1}$ $Na_2S_2O_3$标准溶

液进行滴定，当溶液呈淡黄色时，加入1.0 mL 1%淀粉溶液指示剂，此时溶液呈蓝色；继续用$Na_2S_2O_3$标准溶液滴至蓝色恰好褪去，即为滴定终点。以此平行标定三次，计算出$Na_2S_2O_3$标准溶液的准确浓度（保留四位有效数字）。

2. 自来水中溶解氧的测定

（1）水样的采集与固定

① 将水龙头接一段乳胶管，打开水龙头放水5 min后，将乳胶管插入到溶解氧瓶底部，收集水样。当水样注满溶解氧瓶后，使水样从瓶口再溢流5 min左右，取出乳胶管，迅速盖上瓶塞，不得使溶解氧瓶内留有气泡。

② 取下瓶塞，依次迅速加入1.0 mL 1.0 mol·L^{-1} $MnSO_4$溶液和2.0 mL碱性KI溶液后，盖紧瓶塞，不得使瓶内留有气泡。加液时移液管端应插入水面以下。

③ 把溶解氧瓶颠倒混合五次左右，待沉淀至一半深度时，再颠倒混合一次。

（2）酸化、析出I_2

待沉淀至一半深度时，轻轻打开瓶塞，立即用移液管插入水面下加入2.0 mL浓H_2SO_4。盖紧瓶塞，颠倒混合摇匀至沉淀物全部溶解，放置在暗处静置5 min。

（3）滴定

用移液管准确量取100.0 mL上述溶液置于碘量瓶中，用0.025 mol·L^{-1} $Na_2S_2O_3$标准溶液进行滴定，当溶液呈淡黄色时，加入1.0 mL 1%淀粉溶液指示剂，此时溶液呈蓝色；继续用$Na_2S_2O_3$标准溶液滴定至蓝色恰好消失，即为滴定终点。

按照上述方法进行重复滴定实验，做两次平行实验。

六、实验注意事项

1. 取自来水水样时应注意水的流速不应过大，严禁气泡产生。

2. $Na_2S_2O_3$标准溶液、碱性KI溶液均应避光保存。

3. 用$Na_2S_2O_3$标准溶液进行滴定时，注意加入淀粉溶液指示剂的时机，不能在滴定开始前加入。

4. H_2SO_4具有很强的腐蚀性，使用时需小心。

七、实验数据记录与处理

1. 数据记录

将实验数据记录在表3.15和表3.16中。

（1）$Na_2S_2O_3$标准溶液的标定（表3.15）

表3.15　$Na_2S_2O_3$标准溶液的标定实验数据记录表

项目＼平行标定次数	Ⅰ	Ⅱ	Ⅲ
$Na_2S_2O_3$终读数（mL）			
$Na_2S_2O_3$初读数（mL）			
$V_{Na_2S_2O_3}$（mL）			
$V_{Na_2S_2O_3}$平均值（mL）			
$K_2Cr_2O_7$标准溶液浓度（$mol \cdot L^{-1}$）			
所取$K_2Cr_2O_7$标准溶液体积（mL）			
计算$Na_2S_2O_3$标准溶液浓度（$mol \cdot L^{-1}$）			

（2）自来水中溶解氧的测定（表3.16）

表3.16　自来水中溶解氧的测定实验数据记录表

项目＼平行滴定次数	Ⅰ	Ⅱ
$Na_2S_2O_3$终读数（mL）		
$Na_2S_2O_3$初读数（mL）		
$V_{Na_2S_2O_3}$（mL）		
$V_{Na_2S_2O_3}$平均值（mL）		
$Na_2S_2O_3$标准溶液准确浓度（$mol \cdot L^{-1}$）		

2. 数据处理

根据实验数据，按照式（3.11）计算出自来水中溶解氧的含量（以$mg \cdot L^{-1}$为单位）。

思　考　题

1. 配制的$Na_2S_2O_3$标准溶液浓度不稳定的原因是什么？

2. 用$Na_2S_2O_3$标准溶液滴定时，淀粉溶液指示剂在溶液被$Na_2S_2O_3$标准溶液滴定为淡黄色时加入，为什么？

3. 在溶解氧的测定中，往溶解氧瓶内加入试剂时为什么要将移液管插入水面以下？

实验九　水样中六价铬的测定

一、实验目的

1. 掌握二苯碳酰二肼分光光度法测定六价铬的原理和方法。

2. 巩固可见分光光度计的使用方法和标准曲线的绘制方法。

二、实验原理

铬通常以三价和六价两种形式存在于水中，铬具有较强的毒性，且六价铬的毒性比三价铬强100倍。测定铬常用的方法主要有硫酸亚铁铵滴定法、二苯碳酰二肼分光光度法和原子吸收分光光度法。本实验采用二苯碳酰二肼分光光度法测定水样中的六价铬。

在酸性条件中，六价铬离子（Cr(Ⅵ)）与二苯碳酰二肼（$C_{13}H_{14}N_4O$，简称DPCI）反应，生成紫红色化合物，可以直接用分光光度法测定，最大吸收波长λ_{max}为540 nm，摩尔吸收系数ε_{540}为4.0×10^4 L·mol^{-1}·cm^{-1}，吸光度A与浓度c的关系符合朗伯–比尔定律。

Cr(Ⅵ)与DPCI的显色酸度一般控制在0.05 ~ 0.3 mol·L^{-1}，以0.2 mol·L^{-1} H_2SO_4介质显色最好；显色前，水样应调至中性。显色时，温度和放置时间对显色有影响，显色温度以15℃最适宜，温度较低时显色慢，温度较高时稳定性较差；显色时间为5 ~ 15 min时颜色稳定。

三、实验仪器

可见分光光度计，洗耳球，移液管，比色管（50 mL）等。

四、实验试剂

重铬酸钾（优级纯），二苯碳酰二肼，丙酮，浓硫酸，浓磷酸。

溶液配制方法如下：

1. Cr标准溶液（5.0 mg·L^{-1}）：准确称取于120℃下干燥2 h的重铬酸钾固体0.282 9 g于烧杯中，溶解后转入1 000 mL容量瓶中，用蒸馏水定容，配得Cr标准储备液（100 mg·L^{-1}）。准确移取25.0 mL该Cr标准储备液到500 mL容量瓶中，用蒸馏水定容，配得Cr标准溶液。

2. DPCI溶液（1%）：称取1.0 g二苯碳酰二肼固体于烧杯中，加入50 mL丙酮溶解后，转入100 mL容量瓶中，用蒸馏水定容。

3. H_2SO_4溶液（1+1）：用量筒量取50 mL浓硫酸，缓慢加入盛有50 mL蒸馏水的烧杯中，冷却后转入到试剂瓶中备用。

4. H_3PO_4溶液（1+1）：用量筒量取50 mL浓磷酸到100 mL容量瓶中，用蒸馏水定容。

5. 含Cr水样：用量筒量取100 ~ 200 mL Cr标准储备液（100 mg·L^{-1}）到1 000 mL容量瓶中，用自来水定容。

五、实验内容与步骤

1. 标准曲线的绘制

取8支洁净的50 mL比色管，进行编号。用移液管准确吸取5.0 mg·L^{-1} Cr标准溶液0.0 mL、0.5 mL、1.0 mL、2.0 mL、4.0 mL、6.0 mL、8.0 mL和10.0 mL，分别加入8支比色管中。其中，第一支比色管中不加Cr标准溶液（即0.0 mL）为空白试剂，测得吸光度记为A_0。然后在上述8支比色管中均用蒸馏水稀释至50 mL刻度，再加入0.5 mL H_2SO_4溶液（1+1）和0.5 mL H_3PO_4溶液（1+1），摇匀；最后在各支比色管中均加入2.0 mL显色剂DPCI溶液，立即摇匀。放置5 min后，用1 cm比色皿，以蒸馏水作参比，在最大吸收波长λ_{max}为540 nm处，采用可见分光光度计测定各比色管中溶液的吸光度A。

2. 水样中Cr含量的测定

用移液管准确吸取5.0 mL待测含Cr水样于50 mL比色管中，用蒸馏水稀释至50 mL刻度，然后按照标准曲线绘制中的方法加入各试剂。放置5 min后，用1 cm比色皿，以蒸馏水作参比，波长为540 nm处，采用可见分光光度计测定其吸光度$A_{水样}$。

六、实验注意事项

1. 本实验含Cr水样为自配的清洁且不含其他干扰离子水样，可直接进行分光光度测定；在实际含Cr水样的测定中，当水样浑浊、色度深或有干扰离子存在时，需经预处理后再进行分光光度测定。

2. 本实验适用于高含量含Cr水样的测定，若测定Cr浓度为1.0 mg·L^{-1}以下的低含量含Cr水样时，使用的Cr标准溶液浓度为1.0 mg·L^{-1}、DPCI溶液浓度为0.2%以及3 cm比色皿。

3. 显色剂DPCI溶液应贮存在棕色瓶并置于冰箱中保存，颜色变深后不能使用。

4. 在标准曲线的绘制中，需按照顺序进行加入各试剂，且步骤中要求摇匀时必须在加入试剂后摇匀。

5. 水样Cr含量中的吸光度测定与标准曲线绘制中的吸光度测定宜同时进行。

七、实验数据记录与处理

1. 数据记录

将实验数据记录在表3.17中。

表3.17 实验数据记录表

编号	0	1	2	3	4	5	6	7	水样
Cr标准溶液体积（mL）									—
Cr浓度c（$mg \cdot L^{-1}$）									—
吸光度A									
$A-A_0$									

2. 数据处理

（1）标准曲线的绘制

根据实验数据，以Cr浓度（c_{Cr}）为横坐标，吸光度（$A-A_0$）为纵坐标，用Excel（或Origin）绘制标准曲线，得出标准曲线的回归方程$y=ax+b$和复相关系数R^2。

（2）水样中Cr含量的确定

由水样的吸光度（$A_{水样}-A_0$）根据标准曲线方程计算出水样中Cr的浓度，然后乘以稀释倍数5，即为待测水样中Cr的含量（以$mg \cdot L^{-1}$为单位）。

思 考 题

1. 二苯碳酰二肼分光光度法测定水样中六价铬的条件有哪些？
2. 实验中在加入显色剂DPCI溶液后，为什么要立即摇匀？

第四章　有机化学实验

第一节　基础类实验

实验一　蒸馏与沸点的测定

一、实验目的

1. 了解蒸馏的原理和意义。
2. 学习测定沸点的原理和方法。
3. 掌握简单蒸馏和常量法测定沸点的基本操作。

二、实验原理

蒸馏是将液体有机物加热到沸腾状态，使液体变成蒸汽，再将蒸汽冷凝为液体的过程。蒸馏又可分为简单蒸馏和减压蒸馏，其中，简单蒸馏适用于沸点差值大于30℃的两种或两种以上的液体分离和提纯；减压蒸馏适用于在常压下沸点较高以及常压蒸馏时易发生分解、氧化、聚合等反应的热敏性有机化合物的分离和提纯。蒸馏一般可应用于分离液体混合物，除去非挥发性的杂质；测定液体有机物的沸点以及定性检验液体有机物的纯度；回收溶剂，浓缩溶液。

沸点是有机化合物的重要物理常数之一，在液体有机化合物的分离和纯化以及溶剂回收过程中具有重要意义。液体的分子由于分子运动而有从表面逸出的倾向，这种倾向随着温度的升高而增大，进而在液面上部形成蒸汽；当分子由液体逸出的速度与分子由蒸汽中回到液体的速度相等时，液面上的蒸汽达到饱和，称为饱和蒸汽，它对液面所施加的压力称为饱和蒸汽压。液体的蒸汽压只与温度有关，即液体在一定温度下具有一定的蒸汽压。液体加热时，当其蒸汽压增大到与外界施加给液面的总压力（通常是大气压力）相等时，有大量气泡从液体内部逸出，即液体就会沸腾，这时的温度称为该液体的沸点。

液体的沸点与外界压力有关，外界压力不同，同一液体的沸点就会发生变化。在一定压力下，纯的液体有机物具有固定的沸点，但当液体不纯时，则沸点有一个温度稳定范围，常称为沸程，纯的液体有机物的沸程一般较窄，为0.5 ～ 1.5℃，故可以利用其测定纯液体有机物的沸点。但需要指出的是，具有固定沸点的液体不一定都是纯净的化合物，因为某些有机化合物常和其他组分形成二元或三元共沸混合物，它们也有固定的沸点。沸点的测定方法通常包括常量法和微量法，其中，常量法是采用蒸馏法测定沸点，微量法是利用沸点测定管测定沸点。

本实验是结合常量法和简单蒸馏装置测定纯液体有机物的沸点。简单蒸馏装置一般包括气化部分、冷凝部分、接收部分和热源等四部分。

（1）气化部分

由圆底烧瓶、蒸馏头、温度计组成。液体在烧瓶内受热气化，蒸汽经蒸馏头侧管进入冷凝管中。圆底烧瓶的大小一般为待蒸馏液体的体积保持在其容量的1/3 ～ 2/3。

（2）冷凝部分

由冷凝管组成。蒸汽在冷凝管中冷凝成液体，当液体的沸点低于140℃时选用水冷凝管（通常用直形冷凝管，不用球形冷凝管），当液体的沸点高于140℃时选用空气冷凝管。安装时注意冷凝管下端侧管（即低口）为进水口，上端侧管（即高口）为出水口，且上端出水口侧管应向上，保证套管内充满水。

（3）接收部分

由尾接管、接收器（圆底烧瓶或锥形瓶）组成，用于收集冷凝后的液体。当所用尾接管无支管时，尾接管和接收器之间不可密封，应与外界大气相通。

（4）热源

当液体的沸点低于80℃时通常采用水浴，高于80℃时采用密封式的电加热器（如电热套）配上调压变压器控温。

本实验所用简单蒸馏装置如图4.1所示。

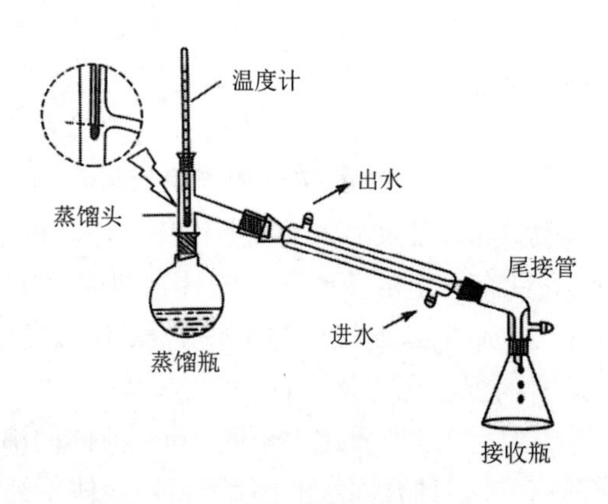

图4.1　简单蒸馏装置图

三、实验仪器

圆底烧瓶（100 mL），蒸馏头，温度计，直形冷凝管，尾接管，锥形瓶（50 mL），加热装置（水浴或电热套），铁架台，长颈漏斗，量筒（50 mL）等。

四、实验试剂

乙醇，自来水，沸石。

五、实验内容与步骤

1. 组装蒸馏装置

按照“从低到高、先左后右”的原则组装蒸馏装置（图4.1）。安装仪器时，一般先确定热源的位置，然后依次安装蒸馏烧瓶、蒸馏头、温度计、带水管的冷凝管、尾接管和接收瓶。蒸馏烧瓶的颈部、冷凝管的中部和接收瓶的颈部分别用铁夹固定。为了保证温度测量的准确性，温度计水银球的上端与蒸馏头支管的下端在同一水平线上。

2. 加料

取下温度计和套管，用量筒量取30 mL待蒸馏的乙醇，通过长颈漏斗加入到蒸馏烧瓶中（或沿着侧管对面的器壁小心加入），然后加2 ～ 3粒沸石。装回温度计和套管（注意温度计的位置），再检查一次装置是否正确、稳固与严密。

3. 加热蒸馏

低口接水龙头进水，高口引入水槽出水，打开冷凝水龙头，缓缓通入冷水，然后开始用加热装置进行加热。蒸馏烧瓶内液体温度上升，液体慢慢沸腾。当上升的蒸汽到达温度计水银球部位时，温度计读数开始急剧上升，水银球部有冷凝液回滴，接收瓶有馏分馏出，调节热源，使馏出液以1 ～ 2滴/s的蒸馏速度进行蒸馏，以便水银球上液滴和蒸汽温度达到平衡，此时温度计读数就是馏出液的沸点。

蒸馏时若热源温度太高，则使蒸汽成为过热蒸汽，造成温度计显示的沸点偏高；若热源温度太低，则馏出物蒸汽不能充分浸润温度计水银球，造成温度计读到的沸点偏低或不规则。

4. 收集馏液

刚开始，馏出液滴是液体中沸点较低的液体，称为前馏分（或称馏头），可用一般容器收集。前馏分蒸完，温度突然上升并趋于稳定（此过程温度变化非常小），可用干净干燥的接收瓶接收馏分。当温度出现下降，说明馏分基本蒸完，留在蒸馏烧瓶底的高沸点物质称为馏尾。

准备两个接收瓶（如锥形瓶），一个接收前馏分，另一个接收所需馏分。记下所需馏分的沸程，即：记录所需馏分第一滴馏出液滴入接收瓶时的温度 T_1（即温度突然上升并稳定，开始有馏出液时的温度），接着调节热源温度，使蒸馏速度维持在1 ~ 2滴/s；当蒸馏烧瓶内残留0.5 ~ 1 mL液体，或者不再有馏出液蒸出而温度又突然下降时，停止蒸馏，记录最后一滴馏出液时的温度 T_2（即温度突然下降，最后一滴馏出液时的温度）。T_1 与 T_2 对应的范围即为该馏分的沸程。

5. 拆除蒸馏装置

蒸馏完毕，先撤出加热装置，待蒸馏装置冷却后停止通冷凝水，最后按照与组装时相反的顺序拆除蒸馏装置并加以清洗。

六、实验注意事项

1. 蒸馏头上需装配套的专用温度计（若没有专用温度计，可用橡皮塞装上温度计），注意调整温度计的位置，使温度计水银球的上端与蒸馏头支管的下端在同一水平线上，以便在蒸馏时水银球能被蒸汽完全包围；若水银球偏高则引起温度测定值偏低，反之，则偏高。

2. 在加入待蒸馏液体后应加入数粒沸石，以便在液体沸腾时，沸石内的小气泡成为液体气化中心，保证液体平稳沸腾，防止液体过热而产生暴沸。若忘记加沸石，在液体温度低于其沸腾温度时方可补加，切忌在液体沸腾或接近沸腾时加入沸石。在一次持续蒸馏时，沸石一直有效，若中途停止沸腾或蒸馏，原有沸石失效；再次加热蒸馏时，应补加新沸石，因原来沸石上的小孔已被液体充满，不能再起气化中心的作用。

3. 蒸馏过程中欲向烧瓶内添加液体，必须先停止加热，待冷却后进行，且不得中断冷凝水。

4. 当所需馏分蒸出后，温度计读数会突然下降，此时应停止蒸馏，不要将液体蒸干，以免蒸馏烧瓶炸裂，发生意外事故。

5. 蒸馏装置不能密封，始终保证蒸馏体系与大气相通；否则，当液体蒸气压增大时，轻者蒸汽冲开连接口，使液体冲出蒸馏烧瓶，重者会发生装置爆炸而引起火灾。

七、实验数据记录与处理

1. 记录馏分的第一滴和最后一滴时温度计的读数，得到乙醇的沸程；记录乙醇的沸点。

2. 记录待蒸馏乙醇的体积，用量筒测量接收馏分液的体积，计算回收率。

思 考 题

1. 进行蒸馏操作时，如何选择冷凝管？

2. 蒸馏时为什么要加入沸石？若蒸馏前忘记加沸石，能否立即将沸石加至将近沸腾的液体中？应该如何处理？

3. 蒸馏时温度计水银球应处于什么位置？为什么？

4. 为什么蒸馏系统不能密闭？

5. 若液体具有恒定的沸点，是否能认为它是单纯物质？

实验二　苯甲酸的精制

一、实验目的

1. 了解重结晶提纯法的基本原理及操作过程。
2. 学习溶解、结晶、抽滤、干燥的操作方法。
3. 掌握用重结晶纯化苯甲酸粗品的精制方法。

二、实验原理

重结晶是将固体溶解在热的溶剂中，使之达到饱和，然后冷却，溶液变成过饱和而析出晶体的过程。固体有机化合物在溶剂中的溶解度均随温度的变化而变化，一般情况下，当温度升高时，溶解度增加，温度降低时，溶解度减小；所以可利用这一性质，使化合物在较高温度下溶解在溶剂中，制成饱和溶液，然后冷却，在低温下析出结晶。

从有机合成反应中制得的固体产物，常含有少量杂质，由于产品与杂质在溶剂中的溶解度不同，可以通过重结晶将杂质去除，从而达到分离提纯的目的。重结晶提纯法的基本原理就是利用在不同温度下被提纯物质与杂质在同一溶剂中溶解性能的差异，将杂质分离出去。重结晶是提纯固体有机化合物常用的方法之一，苯甲酸粗品可用重结晶的方法来进行提纯精制。

重结晶提纯法的一般操作过程为：①选择适宜的溶剂，将粗产品溶于适宜的热溶剂中制成饱和溶液；②若溶液的颜色较深，需采用脱色剂（如活性炭）先脱色；③趁热过滤除去不溶性的杂质；④冷却溶液（或蒸发溶剂），使之慢慢析出结晶而杂质则留在母液中，或者杂质析出而欲提纯的化合物则留在母液中；⑤抽气过滤分离母液，分出结晶或杂质；⑥洗涤结晶，除去附着的母液；⑦干燥结晶。

重结晶提纯法中选择合适的溶剂是操作成功的关键，作为适宜溶剂需符合的条件主要包括：①不与被提纯的有机化合物发生化学反应；②对被提纯的有机化合物应在热溶剂中易溶，而在冷溶剂中几乎不溶；③若杂质在热溶剂中不溶的，则趁热过滤除去杂质；若杂质在冷溶剂中易溶的，则留在溶液中，待结晶后才分离；④对要提纯的有机化合物能生成较整齐的晶体；⑤溶剂的沸点不宜太低，也不宜过高；过低时，溶解度改变不大，难分离，且操作也难；若过高时，附着于晶体表面的溶剂不易除去；⑥价廉易得，毒性小，易回收。

三、实验仪器

烧瓶（200 mL），烧杯（200 mL），抽滤瓶（500 mL），布氏漏斗，真空泵，酒精灯，石棉网，玻璃棒，滤纸，表面皿，烘箱等。

四、实验试剂

苯甲酸粗品，沸石，酒精，活性炭。

五、实验内容与步骤

1. 溶解

称取4 g苯甲酸粗品，放在烧瓶中，加入80 mL蒸馏水，放入2 ～ 3粒沸石，置于石棉网上用酒精灯加热至沸腾，并用玻璃棒不断搅拌，使固体溶解。若有未溶的固体，补加蒸馏水继续加热至沸腾，直至全部溶解。若留下固体不多，补加蒸馏水后仍不能溶解，可能是不溶性杂质，则不需要再补加蒸馏水。

2. 脱色

若溶液有颜色，需将烧瓶移开酒精灯，稍冷后加入少量活性炭，再加热微沸5 min（若溶剂蒸发太多，可适当补充少量蒸馏水）。若溶液无颜色，则省略此过程。

3. 热过滤

将滤纸先用少量蒸馏水湿润抽紧，将上述处理的溶液趁热用布氏漏斗减压过滤，除去活性炭和不溶性杂质。减压过滤装置连接如图4.2所示（在过滤前应连接完毕）。

4. 晶体析出

过滤完毕，将抽滤瓶中的滤液转移到洁净干燥的烧杯中，并用表面皿盖好放置结晶，冷至室温后再用冷水浴（或冰水）冷却使结晶完全析出。若冷却后无晶体析出，可用玻璃棒摩擦烧杯内壁引发晶体形成。

5. 晶体收集

结晶完成之后再用布氏漏斗减压过滤，滤纸先用少量蒸馏水湿润抽紧，用玻璃棒引导，将晶体和母液分批倒入布氏漏斗中（先倒清液，后倒固体）。抽滤后，用玻璃瓶塞挤压晶体，使母液尽量除净，停止抽气，得到晶体。

6. 晶体洗涤

加少量蒸馏水均匀的洒在布氏漏斗中的晶体上，使全部晶体刚好浸润（注意不要使滤纸松动），洗涤晶体，滤干，重复操作2次。

7. 晶体干燥、称重

将洗涤后的晶体转移到表面皿上自然晾干，或在100℃以下烘箱内烘干。待产品干燥后称重，计算提纯率。

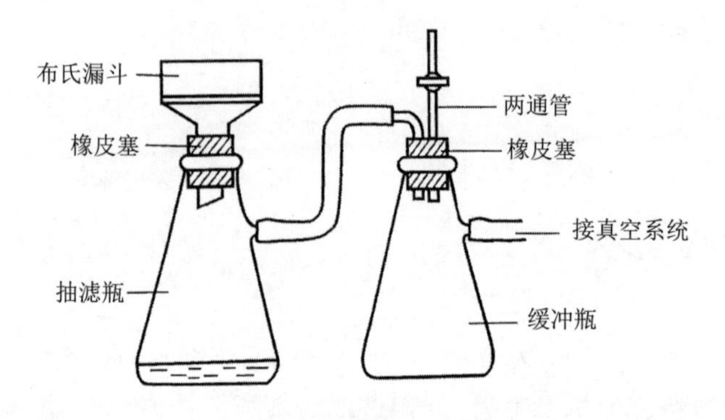

图4.2 减压过滤装置图

六、实验注意事项

1. 若需要脱色，活性炭的用量具体视杂质多少和溶液颜色深浅而定，一般用量为固体粗品的1% ~ 5%；一次脱色不好，可再加活性炭处理一次。

2. 活性炭绝对不能加入正在沸腾的溶液中，否则会引起暴沸，使溶液逸出。

3. 若滤液中有活性炭，应将滤液重新加热过滤。

4. 若滤纸上析出较多晶体，可用少量热蒸馏水将滤纸上的固体冲下，冲下加热溶解后再过滤。

5. 不要急冷和搅拌，以免晶体过细，吸附更多杂质。

七、实验数据记录与处理

1. 记录称取苯甲酸粗品的质量。

2. 记录干燥后晶体的质量。

3. 计算提纯率。

思 考 题

1. 重结晶提纯法的基本原理是什么？

2. 重结晶提纯法的一般操作过程是什么？

3. 活性炭为什么不能在溶液沸腾时加入？

4. 用重结晶提纯法精制苯甲酸粗品时，若热过滤所得的滤液中含有黑色的活性炭，应该如何处理？若滤液冷却后没有晶体析出，又该如何处理？

实验三　烃类化合物性质的鉴定

一、实验目的

1. 验证烷烃、烯烃、炔烃和芳香烃等烃类化合物的主要化学性质。
2. 掌握烯烃、炔烃和芳香烃的鉴定方法。

二、实验原理

烷烃分子中的碳原子彼此以α键结合，化学性质稳定，与强酸、强碱、强氧化剂均不发生反应；只有在光或加热的条件下可以发生游离基型的卤代反应。烯烃和炔烃分子中含有碳碳双键或碳碳三键，都是不饱和烃的碳氢化合物，性质比较活泼，均比较容易发生加成反应和氧化反应；而链端炔烃含有一个活泼氢，还可以与某些金属离子发生反应生成炔化物。芳香烃的芳环易被取代，但难加成，也不易被氧化剂氧化；但有侧链的芳香烃（如甲苯）由于侧链与芳环的相互影响，性质发生一定变化，可发生卤代反应、硝化反应和氧化反应。

不饱和烃可与溴（Br_2）发生加成反应，使其褪色，用来鉴别不饱和烃。反应式如下

$$RCH=CH_2 + Br_2/CCl_4\ (\text{红棕色}) \longrightarrow RCHBrCH_2Br\ (\text{无色})$$

$$HC\equiv CH + Br_2/CCl_4 \longrightarrow Br-HC=CH-Br$$

酸性条件下，不饱和烃可与高锰酸钾（$KMnO_4$）溶液反应，使其褪色，生成黑褐色的二氧化锰（MnO_2）沉淀，用来鉴别不饱和烃。反应式如下

$$R^1R^2C=CHR^3 \xrightarrow[H^+,\triangle]{KMnO_4} R^1COR^2 + R^3COOH$$

$$R^1-C\equiv C-R^2 \xrightarrow{KMnO_4} R^1COOH + R^2COOH$$

链端炔烃上的氢能被某些金属离子（如Ag^+、Cu^+）取代，生成金属炔化物沉淀，用来鉴别链端炔烃。反应式如下

$$R—C\equiv CH + [Ag(NH_3)_2]^+ \longrightarrow R—C\equiv C—Ag\downarrow$$ 灰白色

$$HC\equiv CH + [Cu(NH_3)_2]^+ \longrightarrow Cu—C\equiv C—Cu\downarrow$$ 红棕色

三、实验仪器

容量瓶（50 mL），蒸馏烧瓶（250 mL），烧杯，试管，滴瓶，胶头滴管，移液管，洗耳球，恒压滴液漏斗，洗气瓶，水浴装置等。

四、实验试剂

液体石蜡，溴，四氯化碳，高锰酸钾，浓硫酸，环己烯，环己烷，黄沙，碳化钙，硫酸铜，氯化钠，硝酸银，氢氧化钠，浓氨水，氯化亚铜，铜片（或铜丝），苯，甲苯，萘，铁粉，浓硝酸。

溶液配制方法如下：

1. 溴的四氧化碳溶液（1%）：移取0.5 mL液溴到50 mL容量瓶中，用四氧化碳定容。

2. 溴的四氧化碳溶液（3%）：移取1.5 mL液溴到50 mL容量瓶中，用四氧化碳定容。

3. 溴的四氧化碳溶液（20%）：移取10.0 mL液溴到50 mL容量瓶中，用四氧化碳定容。

4. $KMnO_4$溶液（0.1%）：称取0.05 g高锰酸钾固体于烧杯中，溶解后转入50 mL容量瓶中，用蒸馏水定容。

5. $KMnO_4$溶液（0.5%）：称取0.25 g高锰酸钾固体于烧杯中，溶解后转入50 mL容量瓶中，用蒸馏水定容。

6. H_2SO_4溶液（10%）：移取5 mL浓硫酸到盛有一定量蒸馏水的50 mL容量瓶中，冷却后用蒸馏水定容。

7. H_2SO_4溶液（25%）：移取12.5 mL浓硫酸到盛有一定量蒸馏水的50 mL容量瓶中，冷却后用蒸馏水定容。

8. 饱和$CuSO_4$溶液：向烧杯里加入50 mL蒸馏水，然后逐渐加入硫酸铜固体，搅拌溶解，直到有少量的硫酸铜不能溶解为止，取该溶液即为饱和硫酸铜溶液。

9. 饱和食盐水：向烧杯里加入50 mL蒸馏水，然后逐渐加入氯化钠固体，搅拌溶解，直到有少量的氯化钠不能溶解为止，取该溶液即为饱和食盐水。

10. $AgNO_3$溶液（5%）：称取2.5 g硝酸银固体于烧杯中，溶解后转入50 mL容量瓶中，用蒸馏水定容。

11. NaOH溶液（10%）：称取5.0 g氢氧化钠固体于烧杯中，溶解、冷却后转入

50 mL容量瓶中，用蒸馏水定容。

12. $NH_3 \cdot H_2O$溶液（2%）：移取1.0 mL浓氨水到50 mL容量瓶中，用蒸馏水定容。

13. 氯化亚铜氨溶液：称取1 g氯化亚铜于具塞试管中，加入2 mL浓氨水和10 mL蒸馏水，用力摇动后，静置片刻，倾出溶液，并投入一块铜片或一根铜丝，贮存备用。

五、实验内容与步骤

1. 烷烃的性质

（1）卤代反应

取2支干燥试管，分别加入1.0 mL液体石蜡，再分别加入3滴3%溴的四氯化碳溶液。摇动试管，使其混合均匀。将一试管放入暗处，另一试管放在阳光下或日光灯下，30 min后观察二者颜色变化，记录现象。

（2）氧化反应

取1支干燥试管，加入1.0 mL液体石蜡，再依次加入4滴0.5% $KMnO_4$溶液和4滴10% H_2SO_4溶液。摇动试管，观察溶液的颜色变化，记录现象。

2. 烯烃的性质

（1）加成反应

取1支干燥试管，加入1.0 mL环已烯，再加入3 ～ 8滴3%溴的四氯化碳溶液。摇动试管，观察溶液的颜色变化，记录现象。用环已烷代替环已烯重复上述实验，观察溶液的颜色变化，记录现象。

（2）氧化反应

取1支干燥试管，加入1.0 mL环已烯，再依次加入4滴0.5% $KMnO_4$溶液和4滴10% H_2SO_4溶液。摇动试管，观察溶液的颜色变化，记录现象。

3. 炔烃的性质

（1）乙炔的制备

在干燥的蒸馏烧瓶中放入少许干净的黄沙，平铺于瓶底，小心地放入6 g块状碳化钙（电石），瓶口装一个带橡皮塞的恒压滴液漏斗，蒸馏烧瓶的支管连接盛有饱和$CuSO_4$溶液的洗气瓶。将15 mL饱和食盐水倒入恒压滴液漏斗中，小心地旋开活塞使食盐水慢慢地滴入蒸馏烧瓶中，即有乙炔气体生成。乙炔气体制备装置图如图4.3所示。

（2）加成反应

取1支干燥试管，加入0.5 mL 1%溴的四氯化碳溶液。将乙炔气体通入该溶液中，观察并记录现象。

（3）氧化反应

取1支干燥试管，依次加入1.0 mL 0.1% $KMnO_4$溶液和0.5 mL 10% H_2SO_4溶液。将乙炔气体通入该溶液中，观察并记录现象。

（4）乙炔银的生成

取1支干燥试管，分别加入0.3 mL 5% $AgNO_3$溶液和1滴10% NaOH溶液，再滴入2% $NH_3 \cdot H_2O$溶液，边滴边摇动试管，直到生成的沉淀又恰好溶解为止，此时得到澄清的硝酸银氨溶液。将乙炔气体通入该溶液中，观察并记录现象。

（5）乙炔亚铜的生成

取1支干燥试管，加入1.0 mL氯化亚铜氨溶液。将乙炔气体通入该溶液中，观察并记录现象。

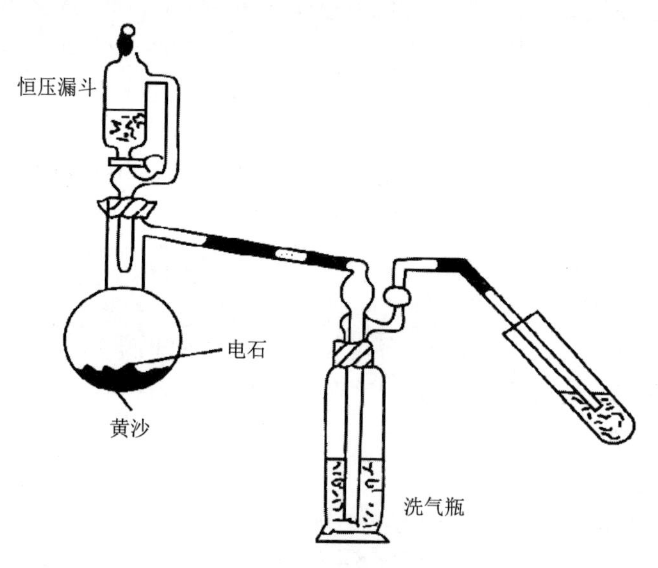

图4.3　乙炔气体制备装置图

4. 芳香烃的性质

（1）卤代反应

取4支干燥洁净的试管并编号。在1、2两支试管中各加入10滴苯，在3、4两支试管中各加入10滴甲苯，然后在4只试管中均加入3滴20%溴的四氯化碳溶液。摇动试管，混合均匀后，在试管2、4中各加少量铁粉。将4支试管置于沸水浴中加热5 min，观察现象。

（2）硝化反应

取1支干燥的大试管，加3.0 mL浓硝酸，在冷却下逐滴加入4.0 mL浓硫酸，冷却后振荡，然后将此混合酸分成两份。一份加入2.0 mL苯，另一份加入2.0 mL甲苯，充分振荡。然后置于50℃水浴中加热5 min，再分别将其倒入10 mL冷水中，观察并记录现象，注意有无特殊气味产生。

（3）氧化反应

取3支干燥洁净的试管，均加入5滴0.5% $KMnO_4$溶液和5滴25% H_2SO_4溶液，然后分别加入10滴苯、10滴甲苯和0.1 g萘。用力振摇试管，然后置于50℃水浴中加热5 min，观察并记录现象。

六、实验注意事项

1. 实验时注意比较现象的差异，并及时记录有关实验现象。

2. 制备乙炔气体时注意控制乙炔生成的速率。

3. 乙炔银和乙炔铜沉淀在干燥时均有爆炸性，故实验完毕要及时加稀盐酸或稀硝酸将其分解后，才能倒入指定的废液缸。

七、实验数据记录与处理

1. 记录实验现象。

2. 根据实验现象比较差异性，并用所学知识解释相关现象。

思　考　题

1. 在适当条件下，烷烃和烯烃都可以与溴发生反应，其反应机理是否相同？

2. 配制硝酸银氨溶液时，为什么不能加入过量的氨水？乙炔的银氨溶液实验完毕，实验混合物应该如何处理？

3. 为什么甲苯的卤代反应和硝化反应比苯更容易进行？

4. 根据所做实验，如何用化学方法区别下列各组化合物：①环已基乙烷、环已基乙烯、环已基乙炔；②1-苯基丁烷、2-甲基-2-苯基丙烷。

实验四　醇、酚性质的鉴定

一、实验目的

1. 验证醇、酚有机化合物的主要化学性质。

2. 掌握醇、酚的鉴定方法。

二、实验原理

醇、酚都是烃的含氧衍生物，其结构中均含有碳氧单键和羟基，但醇结构中的羟基与烃基相连，酚结构中羟基与芳环直接相连，因此它们的化学性质存在较多差异。

醇的官能团是羟基，它可以发生碳氧键和氧氢键两种断裂，α-碳上的氢活泼，易被氧化。伯醇、仲醇能被高锰酸钾、重铬酸钾或铬酸（CrO_3·冰乙酸）等氧化剂氧化，使其颜色褪去，而叔醇在同样条件下不能被氧化。

Lucas（卢卡斯）试剂又称盐酸-氯化锌试剂，可用作伯、仲、叔醇的鉴别。当醇和Lucas试剂发生反应时，由于反应在浓酸性介质中主要按S_N1历程进行，故伯、仲、叔醇的反应速率各不相同，叔醇立即反应，仲醇反应缓慢，而伯醇不起反应。对于含6个以下碳原子的水溶性一元醇而言，由于生成的氯代烷不溶于Lucas试剂，呈油状物析出，使反应液出现浑浊，静止后分层明显，故可用Lucas试剂鉴别6个以下碳原子的伯、仲、叔醇；而含6个以上碳原子的醇不溶于Lucas试剂，故不能用Lucas试剂鉴别。反应式如下

$$(CH_3)_3C-OH + HCl \xrightarrow[26℃]{ZnCl_2} (CH_3)_3C-Cl$$

$$(CH_3)_2CH-OH + HCl \xrightarrow[\triangle]{ZnCl_2} (CH_3)_2CH-Cl$$

$$CH_3CH_2CH_2OH + HCl \xrightarrow[\text{加热1h}]{ZnCl_2} \text{无变化}$$

碳原子个数在10个以下的醇可与硝酸铈铵试剂作用生成琥珀色或红色配合物。反应式如下

$$ROH+(NH_4)_2Ce(NO_3)_6 \longrightarrow \underset{\text{琥珀色或红色}}{(NH_4)_2Ce(OR)(NO_3)_5}+HNO_3$$

酚类化合物具有弱酸性，与强碱作用生成酚盐而溶于水，酸化后可使酚游离出来。大多数酚与三氯化铁（$FeCl_3$）溶液发生特殊的颜色反应，且各种酚产生的颜色不同；产生颜色差异的原因主要是由于生成了电离度很大的不同酚铁盐配合物所致。加入酸、酒精或过量的$FeCl_3$溶液，均能减少酚铁盐的电离度，有颜色的阴离子浓度也就相应降低，反应液的颜色将褪去。反应式如下

$$6ArOH+FeCl_3 \rightleftharpoons [Fe(OAr)_6]^{3-}+6H^++3Cl^-$$

羟基的存在可使苯环活泼性增加，酚类能使溴水褪色，形成溴代酚析出。如苯酚与溴水作用可生成微溶于水的三溴苯酚白色沉淀；滴加过量溴水，则白色的三溴苯酚就转化为淡黄色难溶于水的四溴化物，该四溴化物易溶于苯，能氧化氢溴酸，本身又被还原成三溴苯酚。反应式如下

$$C_6H_5OH + 3Br_2 \longrightarrow 2,4,6\text{-}Br_3C_6H_2OH\downarrow + 3HBr$$

三、实验仪器

试管，移液管，洗耳球，玻璃棒，滴瓶，胶头滴管，pH试纸，水浴装置等。

四、实验试剂

无水乙醇，正丁醇，仲丁醇，叔丁醇，高锰酸钾，无水氯化锌，浓盐酸，甘油，浓硝酸，硝酸铈铵，苯酚，对苯二酚，三氯化铁，饱和溴水，碳酸钠。

溶液配制方法如下：

1. $KMnO_4$溶液（1%）：称取0.5 g高锰酸钾固体于烧杯中，溶解后转入50 mL容量瓶中，用蒸馏水定容。

2. $KMnO_4$溶液（0.5%）：称取0.25 g高锰酸钾固体于烧杯中，溶解后转入50 mL容量瓶中，用蒸馏水定容。

3. Lucas试剂（盐酸-氯化锌试剂）：将无水氯化锌在蒸发皿中加热熔化，稍冷后在干燥器中冷至室温，取出碾碎；称取136 g该熔化过的氯化锌溶于90 mL浓盐酸中，放冷后存于玻璃瓶中并塞紧。

4. 甘油（10%）：移取5 mL甘油到50 mL容量瓶中，用蒸馏水定容。

5. HNO_3溶液（2 mol·L^{-1}）：移取6.5 mL浓硝酸到50 mL容量瓶中，用蒸馏水定容。

6. 硝酸铈铵试剂：称取20 g硝酸铈铵固体于烧杯中，加入50 mL的2 mol · L^{-1}硝酸溶液，加热使其溶解，冷却后备用。

7. NaOH溶液（10%）：称取5.0 g氢氧化钠固体于烧杯中，溶解、冷却后转入50 mL容量瓶中，用蒸馏水定容。

8. HCl溶液（10%）：移取5 mL浓盐酸到50 mL容量瓶中，用蒸馏水定容。

9. 苯酚溶液（1%）：称取0.5 g苯酚固体于烧杯中，溶解后转入50 mL容量瓶中，用蒸馏水定容。

10. 对苯二酚溶液（1%）：称取0.5 g对苯二酚固体于烧杯中，溶解后转入50 mL容量瓶中，用蒸馏水定容。

11. $FeCl_3$溶液（1%）：称取0.5 g三氯化铁固体于烧杯中，溶解后转入50 mL容量瓶中，用蒸馏水定容。

12. Na_2CO_3溶液（5%）：称取2.5 g碳酸钠固体于烧杯中，溶解后转入50 mL容量瓶中，用蒸馏水定容。

五、实验内容与步骤

1. 醇的性质

（1）氧化反应

取4支干燥试管，各加入1 mL无水乙醇、正丁醇、仲丁醇、叔丁醇，然后向每支试管中均加入2滴1% $KMnO_4$溶液，充分摇动试管后置于水浴中微热，观察并记录溶液颜色变化。

（2）Lucas试验

取3支干燥具塞试管，各加入0.5 mL正丁醇、仲丁醇、叔丁醇，然后向每支试管中均加入2 mL Lucas试剂，立即用塞子将管口塞住，充分摇动后静置。将未出现浑浊的试管在温度为26 ~ 27℃的水浴中微热5 min，摇动后静置。观察并记录每支试管中混合物变浑浊和出现分层的时间。

（3）硝酸铈铵试验

取2支干燥试管，各加入5滴无水乙醇、10%甘油，然后向每支试管中均加入2滴硝酸铈铵试剂，摇动试管，观察并记录溶液颜色及状态变化。

2. 酚的性质

（1）弱酸性

取2支试管，各加入0.1 g苯酚、对苯二酚试样，逐滴加入蒸馏水，使之溶解，用玻璃棒沾取一滴于pH试纸测试其酸性；若不完全溶于水，逐渐滴加10% NaOH溶液至全部溶解，然后加入10% HCl溶液使其呈弱酸性（pH试纸检验）。观察并记录现象。

(2)三氯化铁试验

取2支试管，各加入0.5 mL 1%苯酚溶液和1%对苯二酚溶液，然后在每支试管中均加入2滴1% $FeCl_3$溶液，摇动试管，观察并记录溶液颜色变化。

(3)溴化反应

取2支试管，各加入0.5 mL 1%苯酚溶液和1%对苯二酚溶液，然后在每支试管中逐滴加入饱和溴水，观察并记录溶液颜色变化和有无沉淀析出。

(4)氧化反应

取1支试管，加入3 mL 1%苯酚溶液，再分别加入0.5 mL 5% Na_2CO_3溶液和1 mL 0.5% $KMnO_4$溶液，边加摇动试管，观察并记录现象。

六、实验注意事项

1. 低级醇沸点较低，应在较低温度下加热以免挥发。

2. 配制Lucas试剂时，溶解时会有大量氯化氢气体和热量放出，需在通风橱内进行，待放冷后再存于玻璃瓶中，并塞严，防止潮气浸入。

七、实验数据记录与处理

1. 记录实验现象。

2. 运用所学知识解释相关实验现象。

思　考　题

1. 为什么Lucas试剂只适用于鉴别6个以下碳原子的醇？

2. 为什么酚能与碱反应而醇不能？

3. 用$FeCl_3$溶液、溴水鉴别酚类时应注意什么问题？

4. 根据所做实验，如何用化学方法区别下列各组化合物：①1-丁醇、2-丁醇、2-甲基2-丙醇；②甲苯、苯酚、1-苯基乙醇。

实验五　醛、酮性质的鉴定

一、实验目的

1. 验证醛、酮有机化合物的主要化学性质和特征反应。
2. 掌握醛、酮的鉴定方法。

二、实验原理

醛、酮中都含有羰基官能团，同属羰基化合物。由于氧的电负性较大，使得羰基双键电子云向氧偏移，致使羰基碳带有正电，有利于亲核试剂的进攻，故醛、酮易发生亲核加成反应。但由于电子效应和空间效应的影响，羰基发生亲核加成的速率不同，有的甚至不能发生反应。

所有醛、酮均能与2,4-二硝基苯肼发生加成-消除反应，生成黄色、棕色或橙红色的2,4-二硝基苯腙沉淀，析出沉淀的颜色与醛、酮分子的共轭体系有关，非共轭体系的醛、酮一般生成黄色沉淀，共轭酮一般生成橙色至红色的晶体。该反应是鉴定醛、酮的主要化学方法。反应通式如下

$$\mathrm{RR^1(H)C{=}O + H_2NNH{-}C_6H_3(NO_2)_2 \xrightarrow{-H_2O} RR^1(H)C{=}NNH{-}C_6H_3(NO_2)_2}$$

醛、酮能与饱和亚硫酸氢钠（$NaHSO_3$）溶液发生加成反应，生成α-羟基磺酸钠白色结晶，此结晶溶于水，难溶于有机溶剂。可以发生该反应的有醛、脂肪族甲基酮和8个碳原子以下的脂环酮。反应通式如下

$$\mathrm{RC(=O)H(CH_3) + NaHSO_3 \rightleftharpoons RC(OH)(SO_3Na)H(CH_3)\downarrow}$$

具有3个α-氢的醛、酮常与碘的碱性溶液发生碘仿反应，生成黄色的碘仿晶体，该晶体不溶于水，具有特殊的气味，故碘仿反应常用来鉴定甲基醛、酮。由于卤素的碱性溶液同时又是氧化剂，可以使具有3个β-氢的醇氧化成具有3个α-氢的醛或酮，故具有3个β-氢的醇也能进行碘仿反应。反应通式如下

$$\mathrm{CH_3COCH_2CH_3 \xrightarrow{I_2,\ NaOH} CH_3CH_2COONa + CHI_3\downarrow}$$

醛容易被氧化，能被一些弱氧化剂氧化，如Fehling（斐林）试剂、Tollen（托伦）试剂、Schiff试剂等。

Fehling试剂由两部分组成：*A*液为硫酸铜溶液，*B*液为酒石酸钠的氢氧化钠溶液。Fehling试剂呈深蓝色，当与脂肪醛共热时，溶液的颜色依次发生蓝→绿→黄→砖红沉淀的变化，反应速率比较快。甲醛还原性较强，常进一步将氧化亚铜还原成暗红色的金属铜或铜镜。芳香醛和各种酮都不能与Fehling试剂发生此反应，故可用于检验脂肪醛的存在。反应式如下

$$RCHO + 2Cu(OH)_2 \longrightarrow RCOOH + Cu_2O\downarrow + H_2O$$

Tollen试剂的主要成分是银氨离子，与醛发生反应时，被还原成银沉淀。酮一般不发生此反应，可以区别醛、酮。反应式如下

$$RCHO + 2[Ag(NH_3)_2OH] \longrightarrow RCOONH_4 + 2Ag\downarrow + 3NH_3\uparrow + H_2O$$

Schiff试剂又称品红醛试剂，品红是一种红色染料，通入二氧化硫于其溶液中则是无色的品红醛试剂。Schiff试剂与醛类作用，显紫红色，且很灵敏；酮类不与Schiff试剂反应，故Schiff试剂是实验室检验甲醛和其他醛以及区别醛、酮常用而简单的方法。

甲醛、其他醛 + 品红醛试剂 ⟶ 显紫红色 $\xrightarrow{\text{浓硫酸}}$ 所显的颜色不消失→甲醛；所显的颜色褪去→其他醛

三、实验仪器

试管，移液管，洗耳球，滴瓶，胶头滴管，水浴装置等。

四、实验试剂

甲醛，乙醛，苯甲醛，正丁醛，丙酮，亚硫酸氢钠，2,4-二硝基苯肼，浓硫酸，95%乙醇，无水乙醇，碘，碘化钾，氢氧化钠，碱性品红，浓盐酸，硫酸铜，酒石酸钾钠，硝酸银，浓氨水。

溶液配制方法如下：

1. 饱和$NaHSO_3$溶液：向烧杯里加入100 mL蒸馏水，然后逐渐加入亚硫酸氢

钠固体，搅拌溶解，直到有少量的亚硫酸氢钠不能溶解为止，取该溶液即为饱和$NaHSO_3$溶液。配制好的饱和$NaHSO_3$溶液质量分数约为40%。

2. 2,4-二硝基苯肼试剂：称取3 g 2,4-二硝基苯肼固体于烧杯中，加入15 mL浓硫酸溶解，将此溶液慢慢加入到盛有70 mL 95%乙醇的100 mL容量瓶中，然后用蒸馏水定容；若有沉淀，则过滤后将滤液保存于棕色试剂瓶中备用。

3. NaOH溶液（10%）：称取10.0 g氢氧化钠固体于烧杯中，溶解、冷却后转入100 mL容量瓶中，用蒸馏水定容。

4. NaOH溶液（20%）：称取10.0 g氢氧化钠固体于烧杯中，溶解、冷却后转入50 mL容量瓶中，用蒸馏水定容。

5. I_2–KI溶液：分别称取2.0 g碘和5.0 g碘化钾固体于烧杯中，溶解后转入100 mL容量瓶中，用蒸馏水定容。

6. $NaHSO_3$溶液（10%）：称取5.0 g亚硫酸氢钠固体于烧杯中，溶解后转入50 mL容量瓶中，用蒸馏水定容。

7. Schiff试剂（品红醛试剂）：称取0.1 g碱性品红于烧杯中，加入50 mL的热蒸馏水（80 ℃），溶解、冷却后再加入10 mL的10% $NaHSO_3$溶液和1 mL的浓盐酸，转入100 mL容量瓶中，用蒸馏水定容。放置1 h后使溶液褪色并具有强烈的二氧化硫气味（褪色后方能使用），然后贮于棕色瓶中低温保存。

8. Fehling试剂A（斐林试剂A）：称取3.5 g硫酸铜晶体（$CuSO_4 \cdot 5H_2O$）于烧杯中，溶解后转入100 mL容量瓶中，用蒸馏水定容。

9. Fehling试剂B（斐林试剂B）：称取17 g酒石酸钾钠固体于烧杯中，加入20 mL蒸馏水，加热溶解，冷却后加入20 mL的20% NaOH溶液，转入100 mL容量瓶中，用蒸馏水定容。

10. $AgNO_3$溶液（5%）：称取5.0 g硝酸银固体于烧杯中，溶解后转入100 mL容量瓶中，用蒸馏水定容。

11. $NH_3 \cdot H_2O$溶液（2%）：移取1.0 mL浓氨水到50 mL容量瓶中，用蒸馏水定容。

五、实验内容与步骤

1. 醛、酮的性质

（1）亚硫酸氢钠试验

取3支干燥试管，均加入2 mL饱和$NaHSO_3$溶液，然后向试管中各加入1 mL乙醛、苯甲醛、丙酮，用力振摇3 min后置于冰水浴中冷却5 min，观察并记录是否有结晶析出。若无结晶析出，可加入3 mL无水乙醇并摇匀，静置30 min。观察并记录结晶析出的相对速率。

（2）2,4-二硝基苯肼试验

取3支干燥试管，均加入1 mL的2,4-二硝基苯肼试剂，然后向试管中各加入2滴乙醛、苯甲醛、丙酮，摇动试管后静置片刻，观察并记录析出结晶的颜色。若无结晶析出，可微热0.5 min再摇动试管，冷却后观察并记录析出结晶的颜色。

（3）碘仿试验

取4支干燥试管，各加入3滴乙醛、正丁醛、丙酮、无水乙醇，然后向每支试管中均加入1 mL 10% NaOH溶液，然后边摇动试管边滴加I_2–KI溶液，直至溶液呈浅黄色停止滴加。继续振荡，溶液的浅黄色逐渐消失，观察并记录是否有黄色碘仿晶体析出。若没有晶体析出，可将试管置于60℃的水浴中微热，若溶液变成无色，补加几滴I_2–KI溶液至有晶体析出，或刚产生碘的棕色2 min内不再褪色为止，观察并记录现象。

2. 醛、酮的区别

（1）Schiff试验

取4支干燥试管，均加入1 mL Schiff试剂，然后向试管中各加入2滴甲醛、乙醛、正丁醛、丙酮，摇匀后放置3 ~ 5 min，观察并记录溶液颜色变化。再向试管中各逐滴加入4滴浓硫酸，边滴边摇，观察并记录溶液颜色变化。

（2）Fehling试验

取4支干燥试管，均加入0.5 mL Fehling试剂A和0.5 mL Fehling试剂B，混合均匀后向试管中各加入5滴甲醛、乙醛、苯甲醛、丙酮，然后置于沸水浴中加热3 ~ 5 min后取出，观察并记录现象。

（3）Tollen试验

取3支洁净的干燥试管，均加入1 mL 5% $AgNO_3$溶液和1滴10% NaOH溶液，出现黑色沉淀，摇动下使反应完全，然后滴加2% $NH_3 \cdot H_2O$溶液直至生成的沉淀恰好溶解（不宜加多，否则影响试验的灵敏度），即得Tollen试剂。然后向试管中各加入5滴乙醛、苯甲醛、丙酮，置于50 ~ 60℃的水浴中加热2 ~ 3 min，观察并记录现象。

六、实验注意事项

1. 2,4-二硝基苯肼有毒，操作时要小心；若不慎滴在手上，先用少量乙酸擦拭，再用少量水冲洗。

2. Tollen试验所用的试管最好依次用温热浓硝酸、自来水、蒸馏水洗净，使产生的银镜光亮。

3. Tollen试剂久置后将形成雷银（AgN_3），容易爆炸，故必须现用现配；进行实验时，切忌直接加热，以免发生危险；实验完毕，应加入少许硝酸，立即煮沸洗去银镜。

4. $AgNO_3$溶液与皮肤接触，会立即形成黑色金属银，很难洗去，故滴加和摇动试管时应小心操作。

七、实验数据记录与处理

1. 记录实验现象。
2. 运用所学知识解释相关实验现象。

思 考 题

1. 哪些试剂可以鉴别醛和酮？
2. Fehling试验和Tollen试验的反应为什么不能在酸性溶液中进行？
3. 当用Tollen试剂与醛类反应制备银镜时，应注意什么？
4. 根据所做实验，如何用化学方法鉴别下列化合物：甲醛、丁醛、苯甲醛。

实验六　乙酰苯胺的合成

一、实验目的

1. 掌握苯胺乙酰化反应的原理和实验操作。
2. 学习简单分馏原理和操作技术。
3. 巩固利用重结晶技术提纯固体有机物的方法。

二、实验原理

芳香族伯胺的芳环和氨基的活性均很高，极容易被氧化。由于酰胺基对氧化剂比较稳定，邻对位活性较氨基低，遇酸或碱催化很容易水解为氨基，故为保护氨基，在有机合成中常常先将氨基转化成酰胺基。乙酰苯胺可通过苯胺与冰乙酸、乙酸酐或乙酰氯等试剂发生乙酰化反应而制备。其中，以乙酰氯反应最剧烈，乙酸酐次之，冰乙酸最慢；但冰乙酸价格较便宜，操作方便，故被广泛应用。本实验采用冰乙酸作为乙酰化试剂，反应式如下

$$C_6H_5-NH_2 + CH_3COOH \rightleftharpoons CH_3CONH-C_6H_5 + H_2O$$

苯胺和冰乙酸混合生成盐，维持温度在105℃左右，使之脱水，可得目标产物，该反应为可逆反应，产率较低。为了减少逆反应的发生，提高乙酰苯胺的产率，需加入过量的乙酸，并设法除去另一反应产物水。本实验采用分馏法除去反应过程中生成的水。

纯乙酰苯胺为白色片状结晶，熔点为114℃，微溶于热水、乙醇、乙醚、氯仿、丙酮等溶剂，而难溶于冷水，故可用热水对乙酰苯胺粗产品通过重结晶法进行提纯。

三、实验仪器

圆底烧瓶（100 mL），分馏柱，蒸馏头，温度计（200℃），直形冷凝管，尾接管，锥形瓶（50 mL），烧杯，移液管，洗耳球，抽滤瓶（500 mL），布氏漏斗，真空泵，铁架台，水浴装置，表面皿，玻璃棒，电热套，滤纸，烘箱等。

四、实验试剂

苯胺，冰乙酸，锌粉，沸石，活性炭。

五、实验内容与步骤

1. 加料及组装反应装置

在圆底烧瓶中加入5 mL苯胺（1.0 g，0.055 mol）、7.5 mL冰乙酸（7.8 g，0.13 mol）和少许锌粉（约0.1 g），再加入2 ~ 3粒沸石。按图4.4安装好反应装置，即：在蒸馏头上装一个短的刺形分馏柱，柱顶插一支温度计，支管通过尾接管与一个锥形瓶相连，收集稀乙酸溶液。

2. 加热反应

将圆底烧瓶用电热套缓缓加热至沸腾，使反应混合物保持微沸约15 min，然后调整火力逐渐升高温度，保持柱顶温度在105 ℃左右（不要超过110 ℃）反应1 h。当反应生成的大部分水和少量乙酸已被蒸出时，温度计读数下降，烧瓶中出现白雾，表明反应已经完成，停止加热。

3. 粗产品分离

在不断搅拌下趁热将反应混合物倒入盛有100 mL冷蒸馏水的烧杯中，继续搅拌，冷却后即有白色固体析出。待完全冷却后，用布氏漏斗抽滤析出的固体，滤饼用10 mL冷蒸馏水洗涤以除去吸附在固体表面的乙酸，抽干后得乙酰苯胺粗产品。

4. 产品提纯

将粗产品放入盛有150 mL热蒸馏水的烧杯中，加热至沸腾，并使油珠完全溶解。稍冷后加入1 g活性炭，用玻璃棒搅拌并煮沸3 min，趁热用预热好的布氏漏斗减压抽滤。将滤液转移至干净的小烧杯中，自然冷却，析出片状晶体。然后于冰水浴中继续冷却，抽滤，尽量挤压以除去晶体中的水分。将晶体转移到表面皿上晾干（或放入烘箱中烘干），得乙酰苯胺纯产品。干燥后称重。

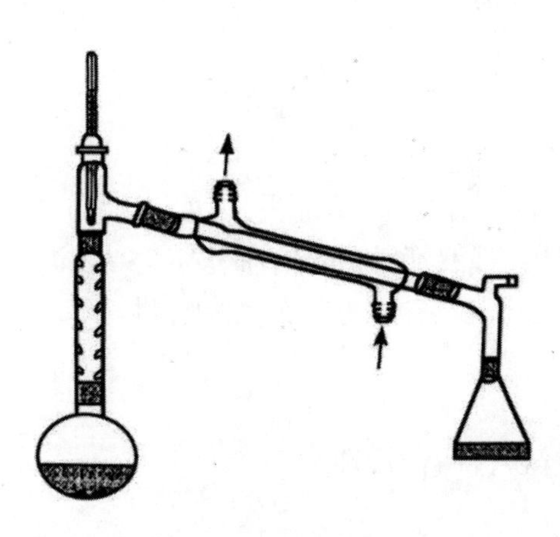

图4.4　乙酰苯胺制备装置图

六、实验注意事项

1. 久置的苯胺颜色深、有杂质，会影响乙酰苯胺的质量，故最好用新蒸的无色或浅黄色的苯胺。

2. 蒸馏时加入少许锌粉的目的是为了防止苯胺在反应过程中被氧化，生成有色的杂质；但加入量不能太多，否则在后处理过程中，乙酸锌水解生成不溶于水的氢氧化锌而混杂在粗产品中。

3. 收集的乙酸及水的总体积约为2 ~ 3 mL。

4. 反应物冷却后，固体产物立即析出，沾在瓶壁不易处理，故需在搅拌下趁热倒入冷蒸馏水中，并能除去过量的乙酸和未反应的苯胺。

5. 若在沸腾的溶液中加入活性炭，会引起突然暴沸，致使溶液冲出容器，故需溶液稍冷后再加入活性炭。

七、实验数据记录与处理

1. 记录加入苯胺、冰乙酸的质量。

2. 记录干燥后乙酰苯胺纯产品的质量。

3. 计算产率。

思　考　题

1. 反应时为什么要控制分馏柱上端温度在105℃左右？为什么温度不能过高或过低？

2. 反应后生成的混合物中含有未反应的苯胺和过量的乙酸，通过什么方法可以除去它们？

3. 根据理论计算，实验能够得到多少克乙酰苯胺产品和多少毫升水？为什么实际收集的液体远多于理论量？

4. 用苯胺为原料进行苯环上的取代反应时，为什么常常先要将苯胺进行乙酰化反应？

第二节　拓展类实验

实验七　无水乙醇的制备

一、实验目的

1. 了解氧化钙法制备无水乙醇的基本原理。
2. 学习无水回流操作方法，巩固蒸馏操作方法。
3. 掌握氧化钙法制备无水乙醇的操作方法。

二、实验原理

一般工业用的乙醇含量为95%，由于95%的乙醇和5%的水能形成二元共沸混合物，故不能直接采用蒸馏法制取无水乙醇。可通过加入氧化钙（生石灰）煮沸回流，使乙醇中的水与生石灰作用，生成不挥发的氢氧化钙，从而除去水分，然后再蒸出无水乙醇。采用此法可以得到纯度为99.5%的乙醇，可满足一般的实验使用。若要得到绝对无水乙醇，可用金属镁或金属钠作为脱水剂进一步处理。反应式如下

$$CH_3CH_2OH \cdot H_2O + CaO \longrightarrow CH_3CH_2OH + Ca(OH)_2$$

三、实验仪器

圆底烧瓶（250 mL），球形冷凝管，蒸馏头，温度计，直形冷凝管，尾接管，锥形瓶（250 mL），干燥管，加热装置（水浴或电热套），铁架台，量筒（100 mL），电子天平等。

四、实验试剂

95%乙醇、氧化钙、无水氯化钙、沸石等。

五、实验内容与步骤

1. 加料及组装反应装置

在圆底烧瓶中加入100 mL 95%乙醇和20 g氧化钙，再加入2 ～ 3粒沸石。按图4.5(a)安装好实验装置，即：烧瓶上端装上球形回流冷凝管，冷凝管上端接一无

水氯化钙干燥管。

2. 加热回流除水

将上述连接好的装置接通冷凝水（从低口流入，高口流出），通过加热装置加热回流2 h。

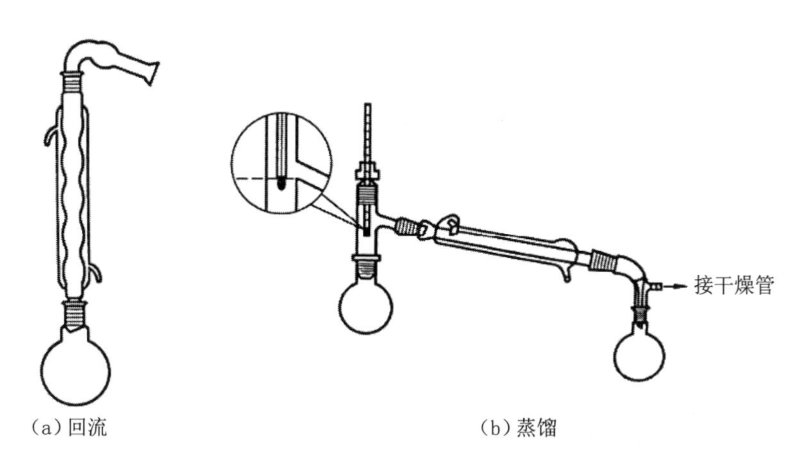

（a）回流　（b）蒸馏

图4.5　无水乙醇制备实验装置图

3. 蒸馏

回流结束后，停止加热，待装置稍冷后取下回流冷凝管，将回流装置改为蒸馏装置，并在尾接管末端接一无水氯化钙干燥管，如图4.5(b)所示。蒸去前馏分后，用干燥的锥形瓶或圆底烧瓶做接收器，继续加热蒸馏至几乎无液滴流出为止，蒸出无水乙醇。

4. 拆除蒸馏装置

蒸馏完毕，先撤出加热装置，待蒸馏装置冷却后停止通冷凝水，最后拆除蒸馏装置并加以清洗。

六、实验注意事项

1. 由于无水乙醇吸水性较强，故实验中所用仪器及各步操作均应注意防水，例如：所用仪器要干燥，在尾接管末端需接一无水氯化钙干燥管。

2. 与一般干燥剂不同，因为氧化钙与水生成的氢氧化钙加热时不分解，故蒸馏前不必过滤。

3. 前馏分中可能因仪器未完全干燥等原因而有少量水分，故需蒸去前馏分。

4. 回流和蒸馏时均需加入沸石。

七、实验数据记录与处理

1. 记录加入95%乙醇的体积。
2. 用量筒测量蒸出无水乙醇的体积。
3. 计算回收率。

思 考 题

1. 为什么在回流和蒸馏时冷凝管顶端和尾接管末端要加氯化钙干燥管?
2. 无水乙醇制备的除水原理是什么?
3. 为什么一般蒸馏实验不能将液体蒸干,而本实验可以将液体蒸干?

实验八　对甲苯磺酸的制备

一、实验目的

1. 了解芳烃的磺化反应原理。
2. 学习分水器的使用方法，巩固回流、重结晶的操作方法。
3. 掌握对甲苯磺酸的制备方法。

二、实验原理

对甲苯磺酸的制备主要采用磺化法，常用的磺化剂有浓硫酸、发烟硫酸、氯磺酸和三氧化硫等。本实验采用甲苯和浓硫酸通过磺化反应来制备对甲苯磺酸，该反应属于苯环上的一种亲电取代反应。由于甲基是邻对位定位基，产物可能有两种：对甲苯磺酸和邻甲苯磺酸。在加热条件下，由于受空间效应的影响，产物以对甲苯磺酸为主。反应式如下

主反应

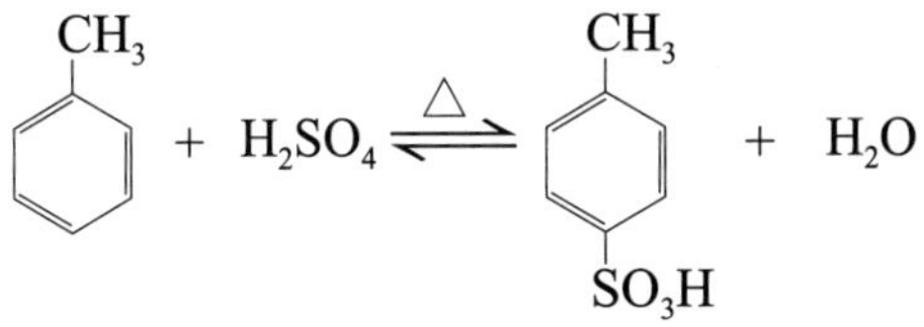

$$C_6H_5CH_3 + H_2SO_4 \overset{\triangle}{\rightleftharpoons} p\text{-}CH_3C_6H_4SO_3H + H_2O$$

副反应

$$C_6H_5CH_3 + H_2SO_4 \overset{\triangle}{\rightleftharpoons} o\text{-}CH_3C_6H_4SO_3H + H_2O$$

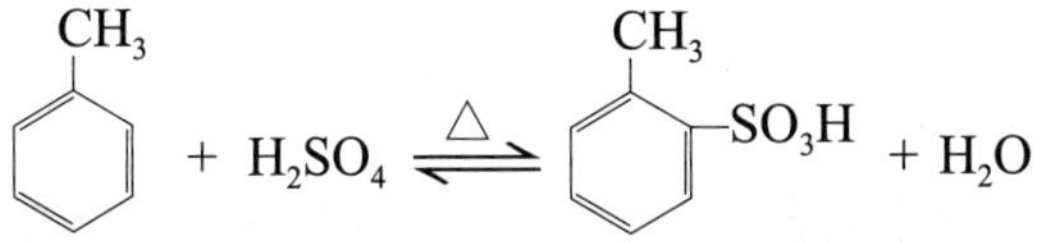

上述主反应为可逆反应，可以通过加大反应物甲苯的量和除去生成物水来促使平衡向右移动，加入过量的甲苯也可以抑制邻位副产物的生成。

三、实验仪器

圆底烧瓶（50 mL），球形冷凝管，分水器，锥形瓶（50 mL），烧杯（50 mL），移液管，洗耳球，抽滤瓶（500 mL），布氏漏斗，真空泵，酒精灯，石棉网，玻璃棒，滤纸，铁架台，橡皮塞，滴液漏斗，玻璃平衡管，导出管，玻璃漏斗，表面皿，烘箱等。

四、实验试剂

甲苯，浓硫酸，精盐，浓盐酸，沸石。

五、实验内容与步骤

1. 加料及组装反应装置

在圆底烧瓶内加入25 mL甲苯（21.7 g，0.24 mol），一边摇动烧瓶，一边缓慢加入5.5 mL浓硫酸（$d = 1.84$，0.10 mol），使两种液体尽量混合均匀，再轻轻加入3 ~ 5粒沸石。按图4.6安装好实验装置，即：烧瓶上端装上一个分水器，分水器上口再连接一个球形冷凝管，用铁架台固定。

2. 回流反应

仪器安装好后，接通冷凝水（从低口流入，高口流出），将圆底烧瓶放在石棉网上用酒精灯小火加热回流2 h，或至分水器中积存2 mL左右水，停止加热。

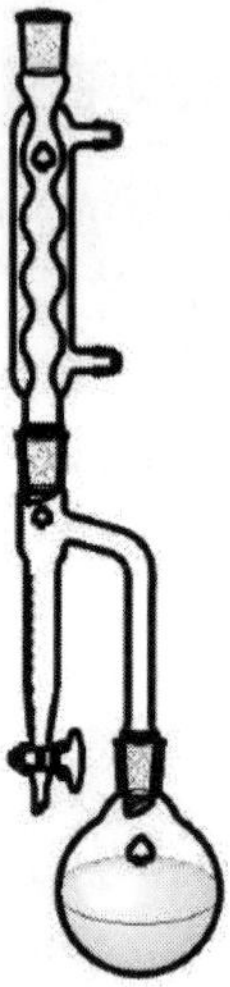

图4.6　对甲苯磺酸制备装置图

3. 粗产品分离

静置、冷却反应物后，将反应物倒入锥形瓶内，加入1.5 mL蒸馏水，析出晶体。用玻璃棒慢慢搅动，反应物逐渐变成固体。用布氏漏斗抽滤，用玻璃瓶塞挤压以除去甲苯和邻甲苯磺酸，得对甲苯磺酸粗产品。

4. 产品纯化

将粗产品转入烧杯中，加入6 mL蒸馏水将其溶解。往此溶液里通入氯化氢气体，直到有晶体析出。析出的晶体用布氏漏斗快速抽滤，将晶体再用少量浓盐酸洗涤，然后用玻璃瓶塞挤压除去水分。将晶体转移到表面皿上晾干（或放入烘箱中烘干），得对甲苯磺酸纯产品。干燥后称重。

氯化氢气体发生常用的方法为：在广口圆底烧瓶里放入精盐，加入浓盐酸使其液面盖住精盐表面。配一橡皮塞，钻三孔，一孔插滴液漏斗，一孔插压力平衡管，一孔插氯化氢气体导出管。滴液漏斗上口与玻璃平衡管通过橡皮塞紧密相连接（不能漏气）。然后在滴液漏斗中放入浓硫酸，滴加浓硫酸，即产生氯化氢气体。在通氯化氢气体时，必须在通风橱内进行，且需采取措施，防止“倒吸”，即：使气体通过一略微倾斜的倒悬漏斗让溶液吸收，漏斗的边缘有一半浸入溶液中，另一半在液面之上。

六、实验注意事项

1. 浓硫酸有强腐蚀性，使用时需小心。

2. 滴加浓硫酸时一定要在振摇下用滴管慢慢加入，以防硫酸局部浓度过高，甲苯被碳化。

3. 控制加热强度，析晶时要慢慢搅拌。

七、实验数据记录与处理

1. 记录加入甲苯、浓硫酸的质量。
2. 记录干燥后对甲苯磺酸纯产品的质量。
3. 计算产率。

思　考　题

1. 甲苯经磺化反应后主要可得到什么产物？如何分离？
2. 利用什么方法可除去邻甲苯磺酸副产物？
3. 在本实验条件下，会不会生成相当量的甲苯二磺酸？为什么？

实验九　乙酰水杨酸的合成

一、实验目的

1. 了解合成乙酰水杨酸的基本原理。

2. 掌握乙酰水杨酸的合成方法。

3. 巩固抽滤、重结晶的操作方法。

二、实验原理

乙酰水杨酸化学学名为邻-乙酰水杨酸，系统命名法称为2-乙酰氧基苯甲酸，俗称阿司匹林。制备乙酰水杨酸的原料通常为水杨酸，又称邻羟基苯甲酸，它是一个既含有酚羟基又含有羧基的双官能团化合物，可以进行两种不同的酯化反应，即：它既能与醇反应，也能与酸反应。在乙酸酐存在下，生成乙酰水杨酸（阿司匹林）；而在过量甲醇存在下，则生成水杨酸甲酯（冬青油）。本实验利用前一种反应制备乙酰水杨酸，即水杨酸与乙酸酐通过乙酰化反应，使水杨酸分子中酚羟基上的氢原子被乙酰基取代，生成乙酰水杨酸。为了加速反应进行，可加入少量浓硫酸作催化剂；浓硫酸的作用是破坏水杨酸分子中羧基与酚羟基间形成的内氢键，从而使乙酰化作用较易进行，可使反应温度大大降低，在90℃时即可反应（不加酸时反应温度为150 ~ 160℃）。反应式如下

主反应

$$\text{C}_6\text{H}_4(\text{OH})\text{COOH} + (\text{CH}_3\text{CO})_2\text{O} \xrightarrow{\text{H}_2\text{SO}_4} \text{C}_6\text{H}_4(\text{OCOCH}_3)\text{COOH} + \text{CH}_3\text{COOH}$$

由于水杨酸在酸的存在下，其分子间会发生缩聚反应，会有少量副产物聚合物产生，反应温度过高则会促使该副反应的发生。反应式如下

副反应

$$n\ \text{HO}-\text{C}_6\text{H}_4-\text{COOH} \xrightarrow{\text{H}_2\text{SO}_4} \left[\text{O}-\text{C}_6\text{H}_4-\overset{\text{O}}{\overset{\|}{\text{C}}}-\text{O}-\text{C}_6\text{H}_4-\overset{\text{O}}{\overset{\|}{\text{C}}}-\text{O}-\text{C}_6\text{H}_4-\overset{\text{O}}{\overset{\|}{\text{C}}}-\text{O}\right]_m + (n-1)\text{H}_2\text{O}$$

实验合成的乙酰水杨酸为粗产品，混有反应副产物、未完全反应的原料和催化剂等，故需经纯化处理后才能得到纯品。乙酰水杨酸能与碳酸钠反应生成水溶

性钠盐，而副产物聚合物不溶于碳酸钠溶液，故利用此性质可将副产物从乙酰水杨酸中除去。粗产品中的水杨酸可在纯化和重结晶过程中被除去。此外，水杨酸能与三氯化铁形成深色配合物（紫色），而乙酰水杨酸因酚羟基被酰化，不与三氯化铁显色，故利用此性质可检验产品中是否残余水杨酸。

三、实验仪器

锥形瓶（100 mL），烧杯（50 mL），移液管，洗耳球，滴管，玻璃棒，抽滤瓶（500 mL），布氏漏斗，真空泵，滤纸，表面皿，电子天平，水浴装置等。

四、实验试剂

水杨酸，乙酸酐，浓硫酸，乙醇（95%），三氯化铁。

溶液配制方法如下：

1. 乙酸酐的蒸馏

量取30 mL乙酸酐加入圆底烧瓶（50 mL）中进行普通蒸馏，收集139～140℃的馏分备用。

2. $FeCl_3$溶液（1%）：称取0.5 g三氯化铁固体于烧杯中，溶解后转入50 mL容量瓶中，用蒸馏水定容。

五、实验内容与步骤

1. 加料

称取2 g水杨酸（0.014 mol）加入到干燥的锥形瓶中，再慢慢加入5 mL新蒸馏的乙酸酐（5.4 g，0.053 mol），然后用滴管加入5滴浓硫酸，轻轻摇荡锥形瓶使水杨酸溶解。

2. 合成反应

将锥形瓶置于90℃水浴中加热约10 min后，冷却至室温，再放入冰水中冷却片刻，并用玻璃棒摩擦锥形瓶内壁，即有晶体析出。晶体析出后，再加入25 mL冷蒸馏水，继续在冰水中冷却，使晶体完全析出。

3. 粗产品分离

待晶体完全析出后，用布氏漏斗抽滤，用少量冷蒸馏水洗涤锥形瓶和晶体两次，完全抽干后，将晶体转移到表面皿上，在空气中使晶体自然晾干，得乙酰水杨酸粗产品。

4. 产品精制

采用乙醇-水混合溶剂对粗产品进行重结晶，即：将粗产品、10 mL 95%乙醇分别加入干燥的烧杯中，水浴加热至粗产品完全溶解。然后趁热向乙醇溶液中添加热蒸馏水，边加边搅拌，直至溶液中出现浑浊，再加热至溶液澄清透明（加热不能太久，以防乙酰水杨酸分解）。静置慢慢冷却后析出晶体，进行抽滤。将晶体转移到表面皿上晾干，得乙酰水杨酸纯产品。干燥后称重。

5. 产品检验

取少量的乙酰水杨酸纯产品于试管中，加入5 mL蒸馏水使其溶解，然后滴加2滴1% $FeCl_3$溶液，观察并记录溶液颜色变化情况。

六、实验注意事项

1. 实验所用仪器需全部干燥，所用水杨酸也需进行干燥处理。
2. 实验需使用新蒸馏的乙酸酐，否则产率很低。
3. 合成反应中需严格控制温度，水浴加热不宜过高，加热时间也不宜太长，否则将增加副产物聚合物的生成。
4. 由于产品微溶于水，故用水洗涤时所用冷蒸馏水的量不能太多。
5. 重结晶时，加热时间不能太久，否则乙酰水杨酸会发生分解；产品也应自然晾干。
6. 本实验未对副产物聚合物进行纯化处理，其可用饱和碳酸钠溶液进行处理后除去。

七、实验数据记录与处理

1. 记录加入水杨酸、乙酸酐的质量。
2. 记录干燥后乙酰水杨酸纯产品的质量。
3. 计算产率。
4. 判定乙酰水杨酸纯产品中是否含有未反应的水杨酸。

思 考 题

1. 合成乙酰水杨酸时，所用玻璃仪器为什么一定要干燥？乙酸酐为什么要用新蒸馏的？
2. 乙酰水杨酸合成中加入浓硫酸的作用是什么？
3. 乙酰水杨酸合成反应中会产生哪些副产物？如何除去？
4. 如何检查合成的乙酰水杨酸纯产品中是否含有未反应的水杨酸？

第五章　物理化学实验

第一节　基础类实验

实验一　水饱和蒸气压的简易测定

一、实验目的

1. 了解饱和蒸气压的概念以及饱和蒸气压与温度的关系。
2. 理解简易静态法测定纯水饱和蒸气压的基本原理和操作方法。
3. 熟悉克劳修斯-克拉贝龙方程式的意义。
4. 掌握利用图解法求算平均摩尔汽化热的方法。

二、实验原理

饱和蒸气压是指一定温度下与纯液体达到相平衡时的蒸气压力，简称蒸气压，它是物质的特性参数。纯液体的蒸气压随温度的改变而变化，即：温度升高，蒸气压增大；温度降低，蒸气压减小。测定液体饱和蒸气压的方法通常有静态法和动态法。静态法是在某一温度下直接测量饱和蒸气压，动态法是在不同外界压力下测定其沸点。本实验采用静态法测定纯水的饱和蒸气压，且为简易测定法。

将一定量的空气封闭于U形量气管的顶端，将其浸没在恒温槽水中。量气管上端的空气将被水蒸气所饱和，在水蒸气与空气的气体混合物中，水蒸气的量随温度变化，而空气的量不变。在一定的温度下，当U形量气管两管中的液面相平时，则有

$$P_{大气压} = P_{空气} + P_{水蒸气} \tag{5.1}$$

又

$$P_{空气} = \frac{n_{空气}RT_0}{V_0} \tag{5.2}$$

式中，T_0、V_0分别为被封空气的温度和体积；$n_{空气}$是被封空气的量。

假设在5℃的低温下，$P_{水蒸气}$可以忽略，则有

$$n_{空气}=\frac{P_{空气}V_0}{RT_0}=\frac{P_{大气压}V_0}{RT_0} \tag{5.3}$$

将测量的T_0、V_0代入式（5.3）中便可求得$n_{空气}$，再将$n_{空气}$代入理想气体状态方程，即可求出测量温度下空气的分压$P_{空气}$，然后用$P_{水蒸气}=P_{大气压}-P_{空气}$可算出各温度下纯水的饱和蒸气压。

纯水的饱和蒸气压与温度的关系可用克劳修斯-克拉贝龙方程式来表示

$$\frac{\mathrm{d}\ln P}{\mathrm{d}T}=\frac{\Delta_{\mathrm{vap}}H_{\mathrm{m}}}{RT^2} \tag{5.4}$$

式中，$\Delta_{\mathrm{vap}}H_{\mathrm{m}}$为温度$T$时纯水的摩尔汽化热。

假设$\Delta_{\mathrm{vap}}H_{\mathrm{m}}$与温度无关，或因温度范围较小，$\Delta_{\mathrm{vap}}H_{\mathrm{m}}$可以近似为常数，对式（5.4）积分可得

$$\ln P=\frac{-\Delta_{\mathrm{vap}}H_{\mathrm{m}}}{R}\cdot\frac{1}{T}+C \tag{5.5}$$

式中，P为纯水在温度T时的蒸气压；C为积分常数。

由实验测得各温度下纯水的饱和蒸气压后，以$\ln P$对$\frac{1}{T}$作图，得一条直线，直线的斜率为$\frac{-\Delta_{\mathrm{vap}}H_{\mathrm{m}}}{R}$，由此可求得纯水的平均摩尔汽化热$\Delta_{\mathrm{vap}}H_{\mathrm{m}}$。

三、实验仪器

U形量气管，冰槽，恒温槽，温度计等。

四、实验试剂

纯水。

五、实验内容与步骤

1. 在U形量气管中加入适量纯水，使管中封闭3 ~ 4 mL空气。
2. 把U形量气管放入温度为3 ~ 5℃的冰槽中，调节两管液面相平后，记录实

际的 T_0、V_0。

3. 取出U形量气管，放入恒温槽中，调节恒温槽温度为50℃，恒温后读取并记录气体体积。

4. 升高温度分别为55℃、60℃、65℃、70℃、75℃，恒温后读取并记录对应温度下的气体体积。

六、实验注意事项

1. U形量气管从冰槽中取出后不能立即放入50℃恒温槽中，以免破裂。

2. 每次测量体积前必须调节U形量气管两管中的液面相平。

七、实验数据记录与处理

1. 数据记录（表5.1）

表5.1　数据记录表

大气压 $P_{大气压}$________；冰槽温度 T_0________；气体体积 V_0________。

恒温温度（℃）	50	55	60	65	70	75
气体体积（mL）						

2. 数据处理（表5.2）

（1）计算 $n_{空气}$。

（2）计算各温度下 $P_{水蒸气}$ 以及 $\ln P_{水蒸气}$。

（3）以 $\ln P_{水蒸气}$ 为纵坐标、$\frac{1}{T}$ 为横坐标作出 $\ln P_{水蒸气}-\frac{1}{T}$ 图。

（4）由图解法求出50 ~ 75℃温度范围内纯水的平均摩尔汽化热 $\Delta_{vap}H_m$。

表5.2　数据处理表

恒温温度（℃）	50	55	60	65	70	75
T（K）						
$P_{空气}$（kPa）						
$P_{水蒸气}$（kPa）						
$\ln P_{水蒸气}$						
$1/T$						

思 考 题

1. 克劳修斯-克拉贝龙方程式在什么条件下适用?
2. 为什么实验中需调节U形量气管两管中的液面相平?
3. 本实验中汽化热与温度有无关系?为什么?

实验二　弱电解质溶液电导的测定

一、实验目的

1. 了解溶液电导、电导率、摩尔电导率的概念以及它们之间的关系。
2. 学会电导率仪的使用方法。
3. 掌握利用电导率法测定弱电解质溶液电离平衡常数的方法。

二、实验原理

溶液的电导（G）可用来表示溶液的导电能力，是电阻（R）的倒数，其单位为S。

溶液的电导率（κ）是指在相距1 m、面积均为1 m^2的两平行电极之间电解质溶液的电导，其单位为$S \cdot m^{-1}$。

溶液的摩尔电导率（Λ_m）是指把含有1 mol电解质溶液置于相距为1 m的两平行板电极之间的电导，其单位为$S \cdot m^2 \cdot mol^{-1}$。

电导（G）、电导率（κ）、摩尔电导率（Λ_m）均能表示电解质溶液的导电性能，三者之间的关系为

$$\kappa = G \cdot \frac{l}{A} \tag{5.6}$$

$$\Lambda_m = \frac{\kappa}{c} \tag{5.7}$$

式中，l为两电极之间的距离；A为电极的面积；$\frac{l}{A}$为电导池常数（以K_{cell}表示），c为溶液浓度。

电解质溶液是靠正、负离子的迁移来导电的，在弱电解质溶液中，只有已电离部分才能传递电量。对于无限稀释的弱电解质溶液，可认为完全电离，此时溶液的摩尔电导率（Λ_m）称为极限摩尔电导率（Λ_m^∞），其值可由正、负离子的极限摩尔电导率相加求得。

对于一定浓度的弱电解质溶液，可认为其电离度（α）为

$$\alpha = \frac{\Lambda_m}{\Lambda_m^\infty} \tag{5.8}$$

对于1∶1型弱电解质在溶液中电离达到平衡时，电离平衡常数（K_c）、浓度

(c)、电离度(α)之间的关系为

$$K_c = \frac{c\alpha^2}{1-\alpha} \tag{5.9}$$

在一定温度下K_c是常数，它仅与温度、压力有关，与溶液的组成和浓度无关。由式(5.8)和式(5.9)可得

$$K_c = \frac{c\Lambda_m^2}{\Lambda_m^\infty(\Lambda_m^\infty - \Lambda_m)} \tag{5.10}$$

整理式(5.10)可得

$$c\Lambda_m = \frac{K_c\Lambda_m^{\infty 2}}{\Lambda_m} - K_c\Lambda_m^\infty \tag{5.11}$$

以$c\Lambda_m$对$\frac{1}{\Lambda_m}$作图，得一条直线，直线的斜率为$K_c\Lambda_m^{\infty 2}$，只要已知Λ_m^∞，则可求出K_c。

本实验根据上述原理，以乙酸(HOAc)作为弱电解质，采用电导率法测定乙酸溶液的电离平衡常数(K_c)。电导的测定可直接采用电导仪进行，它是基于“电阻分压”原理的一种不平衡测量方法。将电导电极置于待测溶液中，其电导率值通过电子信号处理后，直接通过指针或数字显示出来。

三、实验仪器

电导率仪(附带铂黑电极)，电导池(可用大试管代替)，超级恒温水浴槽，移液管，洗耳球，滤纸等。

四、实验试剂

HOAc溶液(0.10 mol·L^{-1})：移取5.9 mL乙酸到1 000 mL容量瓶中，用纯水定容。

五、实验内容与步骤

1. 将超级恒温水浴槽的温度调节为25℃ ±0.1℃。

2. 移取20 mL 0.10 mol·L^{-1} HOAc溶液于洁净干燥的电导池中，将其置于超级恒温水浴槽中充分恒温10 min。

3. 将电极插头插入电导率仪的插口，并进行校正调节。

4. 电导率仪校正完毕，将电极插入恒温好的HOAc溶液中，测其电导率。

5. 用刚吸取HOAc溶液的移液管从电导池中移出10 mL溶液，再用另一支移液管移取10 mL纯水于电导池中，摇匀后再放入超级恒温水浴槽中充分恒温10 min，测定并记录其电导率。

6. 再按照5中步骤重复操作3次（即共稀释4次），测定并记录不同浓度HOAc溶液的电导率。

7. 倒去HOAc溶液，洗净电导池，关闭电导率仪和恒温水浴槽电源。

六、实验注意事项

1. 温度对电导有较大影响，故实验中温度要恒定，所有测量必须在同一温度下进行。

2. 超级恒温水浴槽的温度要控制在25℃ ±0.1℃，每次测定前应将待测液置于恒温槽中充分恒温，不少于10 min。

3. 每次测定前都需将电极清洗干净，以免影响测定结果。

七、实验数据记录与处理

1. 数据记录

将实验数据和结果记录在表5.3中。

表5.3　实验数据和结果记录表

c ($mol \cdot L^{-1}$)	κ ($\mu S \cdot cm^{-1}$)	κ ($S \cdot m^{-1}$)	Λ_m ($S \cdot m^2 \cdot mol^{-1}$)	$1/\Lambda_m$ ($S^{-1} \cdot m^{-2} \cdot mol$)	α	$c\Lambda_m$ ($S^{-1} \cdot m^{-2} \cdot L^{-1}$)
0.10						
0.05						
0.025						
0.012 5						
0.006 25						

已知：25℃时，HOAc溶液的Λ_m^∞为$390.8 \times 10^{-4}\ S \cdot m^2 \cdot mol^{-1}$。

2. 数据处理

（1）以$c\Lambda_m$为纵坐标、$\frac{1}{\Lambda_m}$为横坐标作出$c\Lambda_m$-$\frac{1}{\Lambda_m}$图。

（2）由图解法求出HOAc溶液的电离平衡常数（K_c）。

（3）与文献中HOAc标准电离平衡常数（$K_c^{\ominus}$）1.75×10^{-5}比较，求出相对误差，分析误差来源。

思 考 题

1. 溶液的电导、电导率、摩尔电导率与电解质的浓度之间的关系分别是什么？
2. 弱电解质溶液的电离度、电导率与电离平衡常数之间的关系分别是什么？
3. 测定电导时为什么要恒温？

实验三　溶胶的制备及其性质

一、实验目的

1. 了解制备胶体的不同方法，学会AgI溶胶和$Fe(OH)_3$溶胶的制备方法。
2. 观察溶胶的电泳现象。
3. 熟悉电解质对溶胶的聚沉作用。
4. 掌握通过电泳现象和聚沉作用判断胶粒电性的方法。

二、实验原理

胶体是粒径为1 ~ 100 nm的固体微粒分散在液体介质中所形成的分散系统，具有特有的高度分散性、热力学不稳定性、多相不均匀性和动力学稳定性。胶体的制备方法可分为分散法和凝聚法两大类。分散法是用适当方法把较大的物质颗粒变小到胶体大小范围，如机械研磨法、胶溶法、电弧法、超声波分散法等。凝聚法是将物质分子或离子凝结变大到胶体大小范围，可分为化学凝聚法（如水解法、复分解法、氧化还原法等）和物理凝聚法（如改换溶剂法、蒸汽骤冷法等）。本实验采用复分解法制备AgI溶胶，采用水解法或胶溶法制备$Fe(OH)_3$溶胶。

$AgNO_3$溶液和KI溶液在特定条件下混合后发生复分解反应，若使产物AgI不以沉淀的形态而以胶体的形态存在，可制备出AgI溶胶。制备时，需保持一种电解质过量，过量的电解质对胶体系统起稳定剂的作用。若$AgNO_3$溶液过量，Ag^+被选择性吸附，则生成的AgI溶胶带正电荷；若KI溶液过量，I^-被选择性吸附，则生成的AgI溶胶带负电荷。胶粒带电可使溶胶相对稳定。要成功制备溶胶，需选择适宜浓度的溶液，制备过程中要充分摇荡，滴加速度要缓慢。$Fe(OH)_3$溶胶可采用化学凝聚法中的水解法制备，即通过水解反应使产物$Fe(OH)_3$呈过饱和状态，然后粒子再结合成溶胶；$Fe(OH)_3$溶胶也可采用分散法中的胶溶法进行制备。

在胶体分散体系中，由于溶胶本身的电离或胶粒对某些离子的选择性吸附，使胶粒的表面带有一定的电荷。因为胶粒带电，而整个溶胶为电中性，故分散介质必带等量的反电荷，即：胶粒和分散介质带有数量相等而符号相反的电荷，因此在相界面上建立了双电层结构（固定层和扩散层）。当胶体相对静止时，整个溶液呈电中性；但在外电场的作用下，带电的胶粒移动时会带着固定层内的溶剂化反离子一起移动，所以固定层表面与分散介质间会产生电位差，该电位差称为动电电势或 ζ 电位。在外电场作用下，胶粒在分散介质中向异性电极（正极或负极）定向移动的现象称为电泳，可通过测量电泳速度求出 ζ 电位。本实验只观察AgI溶胶的电泳现象，不进行 ζ 电位的测试。

从热力学观点看，胶体属于多相高度分散的热力学不稳定体系，胶体中的胶粒能自发从小颗粒增大为大颗粒，最后变成沉淀，胶粒这种由小变大的过程叫凝聚。胶体虽然是热力学不稳定体系，但由于胶粒带电、溶剂化作用和布朗运动等，使溶胶能比较稳定的存在，即具有动力学稳定性。当加入电解质时，与胶粒电荷相反的离子挤压扩散层，胶粒所带电荷数减少，扩散层反离子的溶剂化作用减弱，促使 ζ 电位趋于零，使胶粒之间失去相互排斥力而相互接近，溶胶稳定性下降，最终导致聚沉。在指定条件下使溶胶发生明显聚沉时所需电解质的最低浓度称为聚沉值（$mmol \cdot L^{-1}$表示）。聚沉能力常用聚沉值的倒数来表示，即：聚沉值越小，聚沉能力越强。影响聚沉的主要因素是与胶粒电荷相反离子的价数、离子的大小以及同号离子的作用等。一般来说，反离子价数越高，聚沉能力越强，聚沉值越小，聚沉值大致与反离子价数的6次方成反比（即Schulze-Hardy规则）；同价无机小离子的聚沉能力常随其水化半径增大而减小（即感胶离子序）。本实验观察$Fe(OH)_3$溶胶的聚沉现象。

三、实验仪器

电炉（或电热板），铁架台，U形电泳管，稳压直流电源，铜电极，锥形瓶（100 mL），量筒（50 mL），烧杯（100 mL），洗耳球，移液管，试管，试管架，玻璃棒，滴管，玻璃漏斗，漏斗架，滤纸，pH试纸等。

四、实验试剂

碘化钾，硝酸银，三氯化铁，浓氨水，氯化钾，铬酸钾，铁氰化钾。

溶液配制方法如下：

1. KI溶液（$0.01\ mol \cdot L^{-1}$）：称取0.166 0 g碘化钾固体于烧杯中，溶解后转入100 mL容量瓶中，用蒸馏水定容。

2. $AgNO_3$溶液（$0.01\ mol \cdot L^{-1}$）：称取0.169 9 g硝酸银固体于烧杯中，溶解后转入100 mL容量瓶中，用蒸馏水定容。

3. $FeCl_3$溶液（10%）：称取10 g三氯化铁固体于烧杯中，溶解后转入100 mL容量瓶中，用蒸馏水定容。

4. $NH_3 \cdot H_2O$溶液（10%）：移取10 mL浓氨水到100 mL容量瓶中，用蒸馏水定容。

5. KCl溶液（$2.5\ mol \cdot L^{-1}$）：称取18.637 8 g氯化钾固体于烧杯中，溶解后转入100 mL容量瓶中，用蒸馏水定容。

6. K_2CrO_4溶液（$0.1\ mol \cdot L^{-1}$）：称取1.941 9 g铬酸钾固体于烧杯中，溶解后转入100 mL容量瓶中，用蒸馏水定容。

7. $K_3[Fe(CN)_6]$溶液（0.01 mol·L^{-1}）：称取0.329 2 g铁氰化钾固体于烧杯中，溶解后转入100 mL容量瓶中，用蒸馏水定容。

五、实验内容与步骤

1. 溶胶的制备

（1）AgI负溶胶的制备

用移液管移取10 mL 0.01 mol·L^{-1} KI溶液于锥形瓶中，然后在不停地摇动中慢慢将6 mL 0.01 mol·L^{-1} $AgNO_3$溶液从移液管中滴加到锥形瓶中，充分摇匀，得AgI负溶胶。

（2）AgI正溶胶的制备

用移液管移取10 mL 0.01 mol·L^{-1} $AgNO_3$溶液于锥形瓶中，然后在不停地摇动中慢慢将6 mL 0.01 mol·L^{-1} KI溶液从移液管中滴加到锥形瓶中，充分摇匀，得AgI正溶胶。

（3）$Fe(OH)_3$溶胶的制备

① 水解法

用量筒量取50 mL蒸馏水于烧杯中，加热至沸腾。在不断搅拌下，慢慢将2.6 mL 10% $FeCl_3$溶液从移液管中分数次逐滴加到沸水中，继续煮沸2 min后使水解完全，即得到红棕色$Fe(OH)_3$溶胶，冷却后备用。

② 胶溶法

用移液管移取2 mL 10% $FeCl_3$溶液于烧杯中，用蒸馏水稀释至10 mL。然后用滴管滴加10% $NH_3 \cdot H_2O$溶液至稍过量为止（显弱碱性），过滤沉淀，并用蒸馏水洗涤沉淀数次后，将沉淀置于另一烧杯中，加10 mL蒸馏水，再加10% $FeCl_3$溶液15 ~ 20滴，小火加热，并用玻璃棒搅动，即得到红棕色$Fe(OH)_3$溶胶，冷却后备用。

实验可选择上述一种或两种方法进行$Fe(OH)_3$溶胶的制备。

2. AgI溶胶的电泳

将U形电泳管固定在铁架台上，打开活塞，将AgI溶胶慢慢加入到电泳管的漏斗内，液面高度与活塞相平时，停止加入（避免溶胶通过活塞进入U形管），关闭活塞。在电泳管U形管中加入10 mL蒸馏水，将剩余的AgI溶胶加入到漏斗中。缓慢打开电泳管活塞，胶体慢慢流入U形管中，胶体与蒸馏水间形成清晰的界面，当界面到达电泳管的3 cm刻线时，关闭活塞。安装好铜电极，电极插入水中1 ~ 2 cm，接通电源，调节输出电压到27 V，15 min后观察U形管中两极处的变化和胶体界面的移动，判断胶粒所带电荷。

3. $Fe(OH)_3$溶胶的聚沉

取6支洁净干燥的试管编号后置于试管架上，在1号试管中加入10 mL 2.5 mol·L^{-1} KCl溶液，2 ~ 5号试管中各加入9 mL蒸馏水。从1号试管中移取1 mL溶液加到2号试管中，混合均匀；再从2号试管中移取1 mL溶液加到3号试管中，以此类推，直到5号试管为止；然后从5号试管中移取1 mL溶液弃去，即保持1 ~ 5号试管中各有9 mL溶液，且浓度依次相差10倍。

用移液管各取1 mL $Fe(OH)_3$溶胶依次加入到1 ~ 6号试管中，并在6号试管中再加入9 mL蒸馏水，作为对照试管。将各试管溶液混合均匀后放在试管架上，记下时间。静置30 min后将1 ~ 5号试管与对照试管（6号试管）进行比较，记下使$Fe(OH)_3$溶胶发生聚沉所需KCl溶液的最小浓度。

用同样的方法，将2.5 mol·L^{-1} KCl溶液换为0.1 mol·L^{-1} K_2CrO_4溶液和0.01 mol·L^{-1} $K_3[Fe(CN)_6]$溶液进行上述实验，记录每种电解质能使$Fe(OH)_3$溶胶发生聚沉的最小浓度。

为了节约时间，三种电解质的聚沉实验可同时进行。

六、实验注意事项

1. 用水解法制备$Fe(OH)_3$溶胶时，$FeCl_3$溶液一定要逐滴加入，并不断搅拌。

2. 在电泳现象实验中，把溶胶放入U形管时，要控制好速度，活塞不要全部打开，保证溶胶能慢慢进入U形管，才能看到清晰的界面。

3. 实验所需试管、电泳管等玻璃仪器要充分洗涤干净，以免影响实验结果。

4. 制备好的溶胶的温度要降至室温后才可用于聚沉值的测定。

七、实验数据记录与处理

1. 电泳现象

将AgI溶胶的电泳实验观察到的现象记录在表5.4中。

表5.4　AgI溶胶的电泳实验现象

溶胶	电泳管左支管界面	电泳管右支管界面	结论
AgI负溶胶			
AgI正溶胶			

2. 电解质对$Fe(OH)_3$溶胶的聚沉

将电解质对溶胶的聚沉作用实验观察到的现象记录在表5.5中。

表5.5　电解质对溶胶的聚沉作用实验现象

电解质	作用离子	现象	聚沉值（$mmol \cdot L^{-1}$）	聚沉值之比（与KCl比较）
KCl				1∶1
K_2CrO_4				
$K_3[Fe(CN)_6]$				

思　考　题

1. 在外加电场中的胶体为什么会发生定向移动？
2. 为什么加入电解质会破坏胶体的稳定性而发生聚沉？
3. 溶胶聚沉值大小的影响因素有哪些？

实验四　固体在溶液中的吸附

一、实验目的

1. 了解固-液界面的分子吸附原理。
2. 了解吸附法测定比表面积的基本原理。
3. 学会固体在溶液中吸附的实验方法。
4. 掌握弗里德利希和朗格缪尔吸附等温式中吸附常数的确定方法。

二、实验原理

当固体和溶液接触时，由于固体表面具有表面自由能，会自发地吸附溶液的溶质和溶剂分子，其表面总是被溶质和溶剂分子所占满，即溶液中的固相吸附是溶质和溶剂分子争夺表面的净结果。溶质在固体表面上相对聚集的现象称为吸附，吸附溶质的固体称为吸附剂，被吸附的溶质称为吸附质。对于比表面积很大的多孔性或高度分散的吸附剂，在溶液中有较强的吸附能力，如活性炭、硅胶、天然沸石等。由于吸附剂表面结构的不同，对不同的吸附质有着不同的相互作用，故吸附剂能够从混合溶液中有选择地把某一溶质吸附，这种吸附能力的选择性在工业上和环境保护方面有着广泛的应用。

从吸附原理上可将吸附分为物理吸附和化学吸附，其中物理吸附是固体通过范德华引力的作用吸附周围分子，而化学吸附是固体通过化学键力的作用吸附周围分子。吸附剂吸附能力的大小常用吸附量Γ表示，Γ通常指每克吸附剂上吸附溶质的量。固相表面的吸附过程和特征可用非线性吸附等温式来描述，其中常用的有弗里德利希（Freundlich）吸附等温式和朗格缪尔（Langmuir）吸附等温式。

弗里德利希（Freundlich）吸附等温式是从吸附量和平衡浓度的关系曲线中得到的经验公式

$$\Gamma = \frac{x}{m} = kc^{\frac{1}{n}} \tag{5.12}$$

式中，x为吸附质的量（mol）；m为吸附剂的量（g）；c为吸附平衡时溶液的浓度（$\mathrm{mol \cdot L^{-1}}$）；$k$和$n$为经验系数，由温度、溶剂、吸附质以及吸附剂的性质决定。

将式（5.12）取对数，可得

$$\lg \Gamma = \lg \frac{x}{m} = \frac{1}{n} \lg c + \lg k \tag{5.13}$$

以 $\lg\Gamma$ 对 $\lg c$ 作图，可得一直线，由该直线的斜率和截距可分别求得 n 及 k。弗里德利希（Freundlich）吸附等温式为经验方程式，只适用于浓度不太大和不太小的溶液；当吸附剂和吸附质改变时，n 改变不大而 k 值则变化很大。

朗格缪尔（Langmuir）吸附等温式是基于吸附过程的考虑，认为吸附是单分子层吸附，即吸附剂一旦被吸附质占据之后，就不能再吸附；固体表面是均匀的，各处的吸附能力相同，吸附热不随覆盖程度而变；被吸附在固体表面上的分子，相互之间无作用力；吸附平衡是动态平衡，在吸附平衡时，吸附和解吸达成平衡。吸附量和平衡浓度的关系为

$$\Gamma = \Gamma_{\infty}\frac{ck}{1+ck} \tag{5.14}$$

式中，Γ_{∞} 为饱和吸附量，即表面被吸附质铺满单分子层时的吸附量；k 为常数，也称吸附系数。该式中的 k 是带有吸附和解吸平衡性质的平衡常数，不同于Freundich方程中的 k。

将式（5.14）重新整理，可得

$$\frac{c}{\Gamma} = \frac{1}{\Gamma_{\infty}k} + \frac{1}{\Gamma_{\infty}}c \tag{5.15}$$

由 $\frac{c}{\Gamma}$ 对 c 作图，得一直线，由此直线的斜率可求得 Γ_{∞}，再结合截距可求得常数 k。

本实验以活性炭在乙酸（HOAc）溶液中的吸附为例，测定活性炭对HOAc溶液中HOAc的吸附能力，验证弗里德利希（Freundlich）和朗格缪尔（Langmuir）固-液界面吸附等温式，并推算活性炭的比表面积。

根据 Γ_{∞} 的数值，按照朗格缪尔（Langmuir）单分子层吸附模型，并假定吸附质分子在吸附剂表面上均为直立的，每个HOAc分子所占的面积以 0.243 nm^2 计（根据水、空气界面上对于直链正脂肪酸测定的结果而得），则吸附剂的比表面积 S_0（$m^2 \cdot g^{-1}$）计算公式

$$S_0 = \Gamma_{\infty} \times N_0 \times a_{\infty} = \frac{\Gamma_{\infty} \times 6.02 \times 10^{23} \times 0.243}{10^{18}} \tag{5.16}$$

式中，S_0 为比表面积（$m^2 \cdot g^{-1}$），即每克吸附剂具有的总表面积；N_0 为阿伏加德罗常数（$6.02 \times 10^{23}\ mol^{-1}$）；$\alpha_{\infty}$ 为每个吸附分子的横截面积（m^2）；10^{18} 是

$1m^2=10^{18}\ nm^2$的换算因子。

根据式(5.16)所得的比表面积往往要比实际数值小一些，主要原因为：(1)忽略了界面上被溶剂占据的部分；(2)吸附剂表面上有小孔，脂肪酸不能进入。

三、实验仪器

恒温振荡器，电子天平，碘量瓶(100 mL)，锥形瓶(250 mL)，烧杯(100 mL)，洗耳球，移液管，碱式滴定管，玻璃漏斗，漏斗架，滤纸等。

四、实验试剂

活性炭，乙酸，氢氧化钠，酚酞。

溶液配制方法如下：

1. HOAc溶液($0.4\ mol \cdot L^{-1}$)：移取11.8 mL乙酸到500 mL容量瓶中，用蒸馏水定容。

2. NaOH溶液($0.1\ mol \cdot L^{-1}$)：称取1.0 g氢氧化钠固体于烧杯中，溶解、冷却后转入250 mL容量瓶中，用蒸馏水定容。使用前需用草酸基准试剂对其进行标定，具体标定方法可参见第二章实验二。

3. 酚酞指示剂(1%)：称取0.5 g酚酞固体于烧杯中，加45 mL无水乙醇溶解后转入50 mL容量瓶中，用蒸馏水定容。

4. 活性炭：120℃下烘干备用。

五、实验内容与步骤

1. 不同浓度HOAc溶液的配制

取6个洁净干燥的碘量瓶，并编号，按照表5.6用移液管准确移取不同体积的$0.4\ mol \cdot L^{-1}$ HOAc原溶液和蒸馏水配制不同浓度的HOAc溶液。

表5.6　不同浓度HOAc溶液的配制

编号	1	2	3	4	5	6
HOAc溶液($mol \cdot L^{-1}$)	0.4	0.3	0.2	0.1	0.08	0.04
V_{HOAc}(mL)	100	75	50	25	20	10
$V_{蒸馏水}$(mL)	0	25	50	75	80	90

2. HOAc溶液初始浓度(c_0)的测定

在上述碘量瓶中用移液管各移取25 mL HOAc溶液于锥形瓶中，将标定后的

$0.1\ mol \cdot L^{-1}$ NaOH溶液装入碱式滴定管中，在锥形瓶中加入1 ~ 2滴酚酞指示剂，然后用NaOH溶液滴定HOAc溶液，溶液由无色变为微红色，即为终点，停止滴定。记录消耗的NaOH溶液体积，求出不同浓度HOAc溶液的准确浓度，即为吸附前HOAc溶液的初始浓度（c_0）。

3. 吸附振荡实验

分别称取约1 g（准确到0.001 g，并记录具体数据）的活性炭加入到上述碘量瓶（HOAc溶液剩余体积为75 mL）中，塞好瓶塞，置于恒温振荡器上在25℃下振荡30 min，使吸附达到平衡。

4. HOAc溶液平衡浓度（c）的测定

将碘量瓶中的溶液进行过滤，用移液管移取一定体积的滤液于锥形瓶中，然后采用前述方法用标定后的$0.1\ mol \cdot L^{-1}$ NaOH溶液滴定滤液，滴定终点达到后，记录消耗的NaOH溶液体积，求出各滤液的准确浓度，即为吸附平衡后对应HOAc溶液的平衡浓度（c）。

由于稀溶液较易达到平衡，而浓溶液不易达到平衡，因此滴定平衡浓度时，应从稀到浓依次进行滴定分析。即：先取稀溶液进行滴定，让浓溶液继续振荡。由于吸附后HOAc溶液的浓度不同，各个碘量瓶对应所取滤液进行滴定的体积也不相同，即：1号、2号瓶各取10 mL，3号、4号瓶各取20 mL；5号、6号瓶各取40 mL。

六、实验注意事项

1. 在进行HOAc溶液的操作过程中，应注意随时盖好瓶塞，防止HOAc的挥发，以免引起较大的误差。

2. 本实验溶液配制需用不含CO_2的蒸馏水。

3. HOAc溶液配好摇匀后再加入活性炭。

4. 振荡时吸附温度要相同，振荡速度以活性炭可翻动为宜。

七、实验数据记录与处理

1. 数据记录

（1）记录标定后NaOH溶液的准确浓度。

（2）记录各碘量瓶中加入活性炭的准确质量。

（3）列表记录用NaOH溶液滴定吸附前和吸附平衡后HOAc溶液时所消耗的体积。

2. 数据处理

（1）将各量的计算结果填入表5.7中。

表5.7 实验数据处理表

编号	c_0 (mol·L^{-1})	c (mol·L^{-1})	m (g)	Γ (mol·g^{-1})	lg Γ	lg c	$\frac{c}{\Gamma}$
1							
2							
3							
4							
5							
6							

吸附量Γ(mol·g^{-1})按照下式进行计算

$$\Gamma = \frac{(c_0 - c)\ V}{m} \tag{5.17}$$

式中，V为溶液的总体积(L)；m为活性炭的质量(g)。

(2)以吸附量Γ为纵坐标、平衡浓度c为横坐标作出Γ–c图，绘制出吸附等温线。

(3)以lg Γ为纵坐标、lg c为横坐标作出lg Γ–lg c图，由斜率及截距求出常数n和k。

(4)以$\frac{c}{\Gamma}$为纵坐标、c为横坐标作出$\frac{c}{\Gamma}$–c图，由斜率及截距求出常数Γ_∞和k。

(5)计算活性炭的比表面积。

思　考　题

1. 弗里德利希(Freundlich)和朗格缪尔(Langmuir)吸附等温式的优缺点分别是什么？

2. 降低吸附温度对吸附有什么影响？

3. 如何加快吸附达到平衡的时间？如何确定已经达到平衡？

4. 为什么利用朗格缪尔(Langmuir)吸附等温式中Γ_∞值求得吸附剂的比表面积往往要比实际数值小一些？

实验五　液体黏度的测定

一、实验目的

1. 了解恒温槽的构造以及恒温原理。
2. 学会恒温槽和乌氏黏度计的使用方法。
3. 掌握毛细管法测定液体黏度的操作方法。

二、实验原理

黏度是流体的一种重要性质，它反映了流体分子在流动时因各点流速不同而产生的剪切应力大小。液体黏度的大小一般用黏度系数（η）表示，单位为 Pa·s(N·m^{-2}·s)。测定液体黏度的仪器根据方法不同主要分为三类，即：毛细管黏度计（由液体在毛细管里的流出时间计算黏度）、落球黏度计（由圆球在液体里的下落速度计算黏度）和扭力黏度计（由一转动物体在黏滞液体中所受的阻力求算黏度）。在测定低黏度液体和高分子物质的黏度时，使用毛细管黏度计较为方便。

当采用毛细管法测定液体黏度时，液体在毛细管黏度计中因重力作用而流出，服从泊肃叶（Porseuiue）公式，由此可计算液体的黏度系数（简称黏度）。

$$\eta = \frac{\pi r^4 P t}{8 V l} \tag{5.18}$$

式中，P 为液体的压强；r 为毛细管半径；l 为毛细管长度；t 为流经毛细管所用时间；V 为流经毛细管的液体体积。

按照式（5.18）由实验来测定液体的绝对黏度比较困难，但测定液体对标准液体（如水）的相对黏度则相对简单，在已知标准液体的绝对黏度时，即可计算出被测液体的绝对黏度。

设两种液体在自身重力的作用下分别流经同一支毛细管，且流出的体积相等。此时式（5.18）中的 r、l、V 为定值，则

$$\frac{\eta_1}{\eta_2} = \frac{P_1 t_1}{P_2 t_2} \tag{5.19}$$

由于 $P=\rho \cdot g \cdot h$，ρ 为液体密度；g 为重力加速度；h 为推动液体流动的液位差。若每次取用试液的体积相同，则 h 也为定值，可得

$$\frac{\eta_1}{\eta_2} = \frac{\rho_1 t_1}{\rho_2 t_2} \tag{5.20}$$

若已知标准液体的黏度、密度以及被测液体的密度，则可通过测定标准液体和被测液体流经毛细管所用时间，采用式（5.20）计算出被测液体的黏度。

根据泊肃叶（Porseuiue）公式设计的测定黏度的仪器通常有乌氏（Ubbelohde）黏度计和奥氏（Ostwald）黏度计两种。其中，乌氏黏度计可测量黏度在1 ~ 100 Pa·s范围的液体，奥氏黏度计只适用于黏度低于10 Pa·s的液体。在测定高分子溶液时，常用乌氏黏度计，其特点是可在黏度计里将溶液逐渐稀释，特别适用于测定不同溶液的黏度。本实验采用毛细管法中的乌氏黏度计来测定无水乙醇液体的黏度，乌氏黏度计如图5.1所示。

液体的黏度与温度密切相关，测定液体黏度时需在恒定温度下进行，所用仪器为恒温槽。恒温槽的规格很多，常用的有玻璃恒温水浴槽和超级恒温水浴槽，其基本结构大致相同，主要有槽体、加热器、搅拌器、温度计、感温元件和温度控制器组成。

恒温槽恒温原理是由感温元件将温度转化为电信号输送给温度控制器，再由控制器发出指令，让加热器工作或停止工作。温度计采用电接点温度计，为温度的触感器，是决定恒温程度的关键元件。恒温槽的恒温性能主要取决于控制温度的高低以及精度，性能良好的恒温槽应具备的条件为：定温灵敏度高，搅拌强烈而均匀，加热器导热良好且功率适当。

本实验采用玻璃恒温水浴槽，它适合在高于室温但低于水的沸点温度范围内工作。当槽温高于室温时，则恒温槽将不断向环境散发热量；通常采用间歇加热的方法来补偿其热损失，以维持恒温槽内的温度恒定。恒温槽装置如图5.2所示。

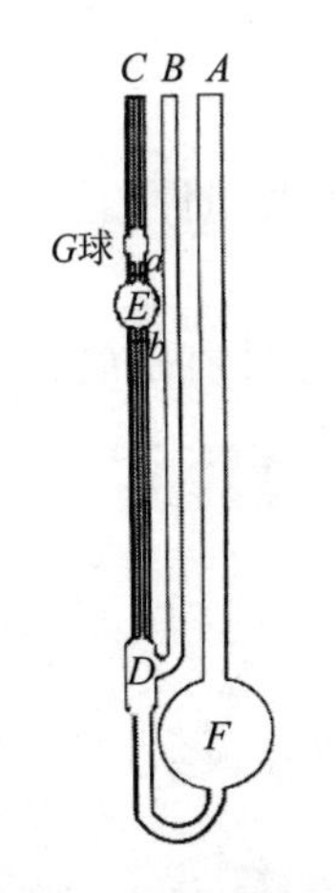

图5.1　乌氏黏度计

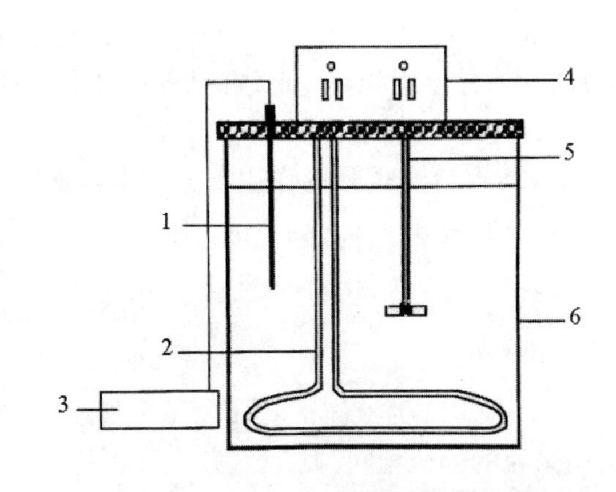

图5.2　恒温槽装置图

1—感温探头；2—加热器；3—数字控温器；
4—操作箱；5—搅拌器；6—水浴槽

三、实验仪器

恒温槽，乌氏黏度计，铁架台，秒表，移液管，洗耳球，乳胶管，弹簧夹等。

四、实验试剂

无水乙醇，蒸馏水。

五、实验内容与步骤

1. 恒温槽温度的调节

（1）在恒温槽的水浴槽内加自来水至水浴槽上沿的金属环中部。

（2）打开电源开关，设置恒温槽温度为目标温度值（30.0 ℃），并调节搅拌速度。

（3）打开数字控温器的“加热”开关和“搅拌”开关，开始加热。

（4）当水浴温度达到设定的目标温度后，恒温5 min，待水浴槽各处温度均匀后开始实验。

2. 无水乙醇黏度的测定

（1）取提前用洗液及蒸馏水洗净并烘干的乌氏黏度计（图5.1），然后将黏度计的B、C两管上端分别套上一段乳胶管。

（2）将黏度计置于恒温槽内，并使G球浸没在恒温水浴中；将黏度计固定在铁架台上，仔细调整，使黏度计处于垂直状态；调节搅拌器使转速适中，不要产生剧烈振动。

（3）用移液管从黏度计的A管加入适量的无水乙醇（体积为储液球F体积的1/2 ～ 2/3），恒温10 min。

（4）用弹簧夹夹住B管上的乳胶管，使之与大气隔绝且不漏气，用洗耳球从C管慢慢抽气，使液面从F球经D球、毛细管、E球抽至G球中部时，停止抽气。

（5）取下洗耳球，松开B管上的夹子，使B、C管连通大气，让空气进入F球，在毛细管内形成气悬液柱，毛细管以上的液体自由下落，此时球内液面逐渐下降，当液面恰好到达E球上面的刻度线a时，立即按下秒表开始计时，待液面下降到E球下面的刻度线b时，再次立即按下秒表停止计时，记录液体流经毛细管所需的时间。按此重复测定3次，保证每次测定值相差 ± 0.2 s以内，取3次测量的平均值，即为无水乙醇的流出时间。

（6）取出黏度计，将乙醇由A管倒入回收瓶，及时用蒸馏水洗涤黏度计，注意用洗耳球吸取蒸馏水反复洗涤G、E球和毛细管部位（至少抽洗3 ～ 5次），洗涤后倒出蒸馏水；按此法再重复洗涤两遍。

3. 蒸馏水黏度的测定

用移液管吸取蒸馏水加入到黏度计的A管，然后按照步骤2中所述方法测定30℃时蒸馏水的流出时间。

实验完毕，倒出蒸馏水，将黏度计倒置晾干；将仪器旋钮回归零位，关闭电源。

六、实验注意事项

1. 乌氏黏度计易损坏，拿取时应用拇指和食指拿A管，不能用整个手掌同时握紧A、B、C管子，以免B、C管折断；固定黏度计时应固定A管，清洗时也持A管。

2. 实验中要保持黏度计垂直，且不要振动黏度计，因为倾斜会造成液位差变化，引起测量误差，同时会使液体流经时间t变大。

3. 实验过程中，恒温槽的温度要保持恒定，加入样品后待恒温才能进行测定，因为液体的黏度与温度有关，一般温度变化不超过 ±0.1℃。

4. 黏度计一定要清洗干净，在洗涤或安装黏度计时一定要小心，以防把黏度计捏碎。

5. 要注意毛细管中不能有气泡，不要把被测液体吸入洗耳球内，以免污染液体。

七、实验数据记录与处理

1. 数据记录

将实验数据和结果记录在表5.8中。

表5.8 实验数据和结果记录表

样品		乙醇	蒸馏水
流经毛细管时间t（s）	1		
	2		
	3		
	平均		
温度（℃）			
密度（$g \cdot cm^{-3}$）			
黏度（$Pa \cdot s$）			

2. 数据处理

（1）将测定结果和相关数据代入式（5.20）进行计算，结果填入记录表中。

（2）与文献中30.0℃时无水乙醇的黏度9.91×10^{-4} Pa·s比较，计算相对误差，分析误差来源。

注：不同温度下蒸馏水的黏度以及乙醇、蒸馏水的密度见本实验附表。

附表1　不同温度下蒸馏水的黏度　　（单位：10^{-4} Pa·s）

温度（℃）	0	1	2	3	4	5	6	7	8	9
20	10.09	9.84	9.60	9.38	9.16	8.94	8.74	8.55	8.36	8.18
30	8.00	7.83	7.67	7.51	7.36	7.21	7.06	6.93	6.79	6.66

附表2　不同温度下蒸馏水、无水乙醇的密度　　（单位：g·cm^{-3}）

温度（℃）	乙醇	蒸馏水
20	0.789	0.9982
30	0.781	0.9957

思考题

1. 毛细管法测定黏度的影响因素有哪些？
2. 乌氏黏度计中支管*B*的作用是什么？若除去支管*B*后是否仍可测定黏度？
3. 为什么测定黏度时要保持温度恒定？温度对液体黏度有何影响？
4. 为什么黏度计要垂直地置于恒温槽中？
5. 能否用两支不同的黏度计分别测定无水乙醇和蒸馏水的黏度？为什么？

实验六　乙酸乙酯皂化反应速率常数的测定

一、实验目的

1. 了解二级反应的特点。
2. 熟悉溶液电导率的测定方法。
3. 掌握利用电导率法测定乙酸乙酯皂化反应速率常数的方法。
4. 验证乙酸乙酯皂化反应为二级反应，学会确定反应速率常数和半衰期的方法。

二、实验原理

乙酸乙酯的皂化反应是典型的二级反应，其化学反应式为

$$CH_3COOHC_2H_5+NaOH \rightleftharpoons CH_3COONa+C_2H_5OH$$

若该反应的反应物乙酸乙酯（$CH_3COOC_2H_5$）和氢氧化钠（NaOH）的初始浓度相同，均设为c_0，则反应速率方程为

$$-\frac{dc}{dt}=kc^2 \tag{5.21}$$

将式（5.21）积分后，可得

$$kt=\frac{1}{c}-\frac{1}{c_0} \tag{5.22}$$

式中，c_0为反应物的初始浓度；c为反应时间t时刻的反应物浓度；k为反应速率常数。

式（5.22）中c_0为已知量，只要测出t时刻反应物的浓度，由$\frac{1}{c}$对t作图，得一条直线，由此直线的斜率可求得反应速率常数k。

在乙酸乙酯的皂化反应过程中，各反应物的浓度均随时间而改变，不同反应时间的NaOH浓度，既可以用标准酸进行滴定求得，也可以通过间接测量反应体系的电导率求得。本实验采用电导率法间接测定不同时刻反应物的浓度。由于反应物乙酸乙酯（$CH_3COOC_2H_5$）和反应产物乙醇（C_2H_5OH）不具有明显的导电性，它们的浓度变化不致影响反应体系的电导率值；反应中Na^+的浓度始终不变，它对溶液的电导率具有固定的贡献，而与电导率的变化无关。故反应体系中只有

OH^-和CH_3COO^-的浓度变化对电导率的影响较大。又由于OH^-的迁移速率约是CH_3COO^-的5倍，所以反应体系的电导率随着OH^-的消耗而逐渐降低。由此可推导出所测物理量的电导率与反应物浓度的关系为

$$\frac{c}{c_0}=\frac{\kappa_\infty-\kappa_t}{\kappa_\infty-\kappa_0} \quad (5.23)$$

式中，κ_∞为反应终了（$t=\infty$）时体系的电导率；κ_0为反应开始（t=0）时体系的电导率；κ_t为反应进行t时刻体系的电导率。

将式（5.23）代入式（5.22）中，整理可得

$$\kappa_t=\frac{1}{kc_0}\cdot\frac{\kappa_0-\kappa_t}{t}+\kappa_\infty \quad (5.24)$$

由κ_t对$\frac{\kappa_0-\kappa_t}{t}$作图，得一条直线，由此直线的斜率可求得反应速率常数k。

由于乙酸乙酯的皂化反应为二级反应，其半衰期$t_{1/2}$为

$$t_{1/2}=\frac{1}{kc_0} \quad (5.25)$$

可见反应物初始浓度相同的二级反应，其半衰期与反应物初始浓度成反比，此处$t_{1/2}$恰为κ_t对$\frac{\kappa_0-\kappa_t}{t}$作图所得直线的斜率，由此可得出该反应的半衰期$t_{1/2}$。

三、实验仪器

电导率仪（附带铂黑电极），具塞大试管，恒温水浴槽，秒表，移液管，洗耳球，滤纸等。

四、实验试剂

氢氧化钠，乙酸乙酯。

溶液配制方法如下：

1. NaOH溶液（0.01 mol·L^{-1}）：称取0.04 g氢氧化钠固体于烧杯中，溶解、冷却后转入100 mL容量瓶中，用纯水定容。

2. NaOH溶液（0.02 mol·L^{-1}）：称取0.08 g氢氧化钠固体于烧杯中，溶解、冷却后转入100 mL容量瓶中，用纯水定容。

3. $CH_3COOC_2H_5$溶液（0.02 mol·L^{-1}）：移取0.99 mL乙酸乙酯到500 mL容量瓶中，然后用纯水定容。注：所取体积根据乙酸乙酯的密度、相对分子质量以及需要配制的量计算而得（30℃时乙酸乙酯的密度为0.888 8 g·cm^{-3}，乙酸乙酯的相对分子质量为88.11 g·mol^{-1}）。

五、实验内容与步骤

1. 仪器调节

将恒温水浴槽的温度调节为30℃，对电导率仪进行校正调节。

2. κ_0的测量

取适量0.01 mol·L^{-1} NaOH溶液装入洁净的大试管中，以液面浸没并高出铂黑电极片约1 cm为宜。然后将其置于30 ℃恒温水浴槽内恒温10 min，测定0.01 mol·L^{-1} NaOH溶液的电导率，即为κ_0，记录数据。

3. κ_t的测量

将电导池的铂黑电极浸于另一盛有蒸馏水的大试管中，并置于恒温槽中恒温。用移液管移取20 mL 0.02 mol·L^{-1} NaOH溶液注入干燥的大试管中，用另一移液管移取20 mL 0.02 mol·L^{-1} $CH_3COOC_2H_5$溶液注入另一支大试管中，试管的管口用塞子塞紧，防止$CH_3COOC_2H_5$挥发。将两支试管均置于恒温槽中恒温10 min，然后将两试管中的溶液混合在一支试管中，摇匀后立即启动秒表计时。将铂黑电极从恒温的蒸馏水中取出并用滤纸吸干，随即插入盛有混合液的试管中，进行不同时间下电导率的测定。从计时开始后，在第5 min、10 min、15 min、20 min、25 min、30 min、40 min、50 min、60 min各测一次电导率值，即为各反应时间下的κ_t，记录数据。

实验完毕，将溶液倒掉，洗净试管，关闭电导率仪和恒温水浴槽电源。

六、实验注意事项

1. 实验一定要在恒温条件30℃ ±0.1℃下进行。

2. 两种反应物NaOH溶液和$CH_3COOC_2H_5$溶液在混合后一定要摇匀。

3. 配好的NaOH溶液要防止空气的CO_2气体进入，实验中要避免$CH_3COOC_2H_5$的挥发。

4. NaOH溶液和$CH_3COOC_2H_5$溶液的浓度一定要相同。

七、实验数据记录与处理

1. 数据记录

将实验数据和结果记录在表5.9中（注意电导率的单位）。

表 5.9　实验数据和结果记录表

温度（℃）									
κ_0（$S \cdot m^{-1}$）									
时间（min）	5	10	15	20	25	30	40	50	60
κ_t（$S \cdot m^{-1}$）									
$\kappa_0 - \kappa_t$（$S \cdot m^{-1}$）									
$(\kappa_0 - \kappa_t)/t$（$S \cdot m^{-1} \cdot min^{-1}$）									

2. 数据处理

以κ_t为纵坐标、$\frac{\kappa_0 - \kappa_t}{t}$为横坐标作出$\kappa_t$- $\frac{\kappa_0 - \kappa_t}{t}$图，由斜率求出30℃时反应速率常数$k$和反应的半衰期$t_{1/2}$。

思　考　题

1. 为什么本实验要在恒温条件下进行，且NaOH溶液和$CH_3COOC_2H_5$溶液在混合前还要预先恒温？
2. 为什么本实验所用的NaOH溶液和$CH_3COOC_2H_5$溶液的浓度、体积均要相同？
3. 反应过程中溶液的电导率如何变化？
4. 如何从实验结果来验证$CH_3COOC_2H_5$皂化反应为二级反应？

第二节　拓展类实验

实验七　表面活性剂临界胶束浓度的测定

一、实验目的

1. 了解表面活性剂的特性、胶束形成原理以及临界胶束浓度的含义。
2. 巩固溶液电导率的测定方法。
3. 掌握电导率法测定离子型表面活性剂临界胶束浓度的方法。

二、实验原理

表面活性剂是指具有亲水基和亲油基的两亲结构，能显著降低体系表面张力的物质。表面活性剂可以产生润湿、乳化、去污、发泡、增溶等一系列作用，按照离子类型可将其分为阴离子性表面活性剂、阳离子性表面活性剂和非离子性表面活性剂等三类。

表面活性剂溶于水中后，可能通过两种方式使自身成为溶液中的稳定分子，即：一是把亲水基留在水中，亲油基伸向空气或油相；二是让亲油基团相互靠在一起，以减少亲油基与水的接触面积。前者可使表面活性分子吸附在表面上，降低表面张力，形成定向排列的单分子膜；后者则形成胶束，如图5.3所示。

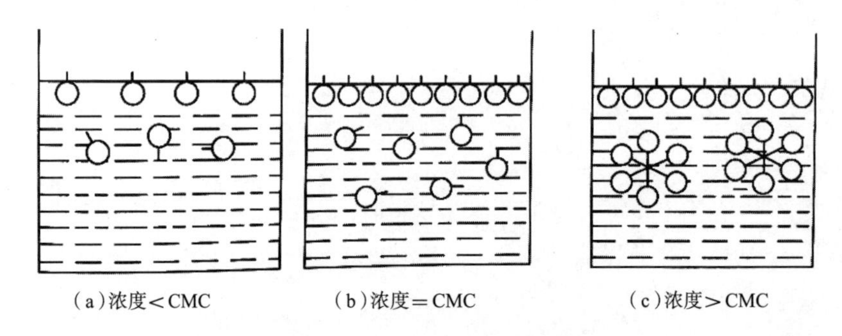

（a）浓度＜CMC　　（b）浓度＝CMC　　（c）浓度＞CMC

图5.3　胶束形成过程示意图

在表面活性剂溶液中，当表面活性剂的浓度增大到一定值时，表面活性剂离子或分子将会发生缔合作用，形成胶束。形成胶束所需表面活性剂的最低浓度称为临界胶束浓度，以CMC表示。CMC是表面活性剂的重要特性参数，是表面活性剂表面活性的一种量度。在CMC点附近，由于溶液结构的改变导致其物理及化学性质均会发生显著变化，如：表面张力、渗透压、蒸气压、电导率、增溶作用、去污能力、浊度、光学性质等。只有在表面活性剂的浓度稍高于其CMC时，才能充分发挥表面活性。

测定表面活性剂CMC的方法很多，原则上表面活性剂溶液随浓度变化的物理及化学性质都可用来测定CMC，常用的方法主要包括：表面张力法、电导率法、染料法（比色法）以及增溶法（比浊法）。

电导率法只适用于离子型表面活性剂CMC的测定，该法对有较高活性、CMC值较小的表面活性剂准确性较高，对CMC值较大的表面活性剂准确性较差。因无机盐在水中电离，影响其电导，故无机盐的存在会降低测量的灵敏度。对于离子型表面活性剂溶液，当浓度较稀时，其电导率（κ）和摩尔电导率（Λ_m）随浓度c的变化规律和强电解质相同，但当浓度达到临界胶束浓度（CMC）时，随着胶束的形成，κ和Λ_m均发生明显变化，这就是电导率法测定CMC的依据。

本实验采用电导率法测定阴离子性表面活性剂十二烷基硫酸钠（$C_{12}H_{25}SO_4Na$）溶液的CMC值，即：通过测定不同浓度的$C_{12}H_{25}SO_4Na$溶液的电导率，绘制电导率（κ）或摩尔电导率（Λ_m）与浓度（c）的关系曲线图，从曲线的转折点求得$C_{12}H_{25}SO_4Na$的CMC值。

三、实验仪器

电导率仪（附带铂黑电极），大试管，恒温水浴槽，洗耳球，移液管等。

四、实验试剂

$C_{12}H_{25}SO_4Na$溶液（$0.020\ mol \cdot L^{-1}$）：称取1.441 9 g十二烷基硫酸钠固体于烧杯中，加热溶解，冷却后转入250 mL容量瓶中，用纯水定容。

五、实验内容与步骤

1. 仪器调节

将恒温水浴槽的温度调节为25℃，对电导率仪进行校正调节。

2. 不同浓度$C_{12}H_{25}SO_4Na$溶液的配制

按照表5.10用移液管移取一定体积的$0.020\ mol \cdot L^{-1}$ $C_{12}H_{25}SO_4Na$溶液（原液）于干燥的大试管中，然后加入表5.10中一定体积的纯水，则配制出表5.10中不同浓度的$C_{12}H_{25}SO_4Na$溶液。

表5.10 不同浓度$C_{12}H_{25}SO_4Na$溶液的配制

编号	1	2	3	4	5	6	7	8
原液（mL）	5	10	15	20	25	30	40	50
纯水（mL）	45	40	35	30	25	20	10	0
浓度（$mol \cdot L^{-1}$）	0.002	0.004	0.006	0.008	0.010	0.012	0.016	0.020

3. 不同浓度$C_{12}H_{25}SO_4Na$溶液κ的测量。

将上述装有不同浓度$C_{12}H_{25}SO_4Na$溶液的试管置于25 ℃恒温水浴槽内恒温5 min后，先用待测液润洗铂黑电极，然后测定每个浓度下的电导率值，记录数据。

实验完毕，将溶液倒掉，洗净试管，关闭电导率仪和恒温水浴槽电源。

六、实验注意事项

（1）配制0.020 $mol \cdot L^{-1}$ $C_{12}H_{25}SO_4Na$溶液前，$C_{12}H_{25}SO_4Na$应预先在80℃烘干3 h。

（2）测定不同浓度$C_{12}H_{25}SO_4Na$溶液的κ时，顺序为从低浓度到高浓度。

七、实验数据记录与处理

1. 数据记录

将实验数据和结果记录在表5.11中（注意电导率的单位）。

表5.11 实验数据和结果记录表

编号	1	2	3	4	5	6	7	8
c（$mol \cdot L^{-1}$）	0.002	0.004	0.006	0.008	0.010	0.012	0.016	0.020
$c^{1/2}$								
κ（$S \cdot m^{-1}$）								
Λ_m($S \cdot m^2 \cdot mol^{-1}$)								

2. 数据处理

（1）以κ为纵坐标、c为横坐标作出κ–c图，由曲线延长线的交点求出$C_{12}H_{25}SO_4Na$溶液的CMC值。

（2）以Λ_m为纵坐标、$c^{1/2}$为横坐标作出Λ_m–$c^{1/2}$图，由曲线延长线的交点求出$C_{12}H_{25}SO_4Na$溶液的CMC值。

（3）比较两种不同作图方法求出的$C_{12}H_{25}SO_4Na$溶液CMC值，进行分析说明。

（4）与文献中25℃时$C_{12}H_{25}SO_4Na$溶液的CMC值8.1×10^{-3} $mol \cdot L^{-1}$比较，计算相对误差，分析误差来源。

思 考 题

1. 表面活性剂溶液的哪些性质与CMC值有关？

2. 测定表面活性剂的CMC值主要有哪些方法？电导率法测定CMC值的优点是什么？

3. 电导率法测定表面活性剂CMC值的影响因素主要有哪些？适用范围是什么？

实验八　黏度法测定高聚物的相对分子质量

一、实验目的

1. 了解黏度法测定高聚物相对分子质量的基本原理。
2. 了解各种黏度的概念及其物理意义。
3. 巩固乌氏黏度计的使用方法。
4. 掌握黏度法测定高聚物稀溶液相对分子质量的实验技术以及数据处理方法。

二、实验原理

高分子聚合物（高聚物）是由单体分子经加聚或缩聚过程合成的物质，相对分子质量是表征高聚物特性的一个重要参数。高聚物的相对分子质量大小不一，一般在10^3 ~ 10^7之间，故通常所测高聚物的相对分子质量是平均相对分子质量。高聚物的平均相对分子质量主要包括数均相对分子质量、重均相对分子质量、Z均相对分子质量以及黏均相对分子质量等。高聚物相对分子质量的测定方法很多，一般采用端基分析法、沸点升高法、凝固点降低法、等温蒸馏法以及渗透压法等测定数均相对分子质量，采用光散射法测定重均相对分子质量，采用超速离心沉降-扩散法测定Z均相对分子质量，采用黏度法测定黏均相对分子质量。其中，黏度法测定高聚物相对分子质量时具有设备简单、操作方便、耗时较少、精度较高等优点。本实验采用黏度法测定高聚物聚乙二醇的相对分子质量。

高聚物溶液由于其分子链长度远大于溶剂分子，故在液体分子有流动或有相对运动时，会产生内摩擦阻力。内摩擦阻力越大，表现出来的黏度就越大，而且其与聚合物的结构、溶液浓度、溶剂性质、温度以及压力等因素有关。高聚物溶液的内摩擦包括溶剂分子之间的内摩擦（表示为η_0）、高聚物分子之间的内摩擦以及高聚物分子与溶剂分子之间的内摩擦，三者的总和表现为溶液的黏度，记为η。聚合物溶液黏度的变化，一般采用下列有关的黏度量进行描述。

相对黏度（η_r）：若纯溶剂的黏度为η_0，相同温度下溶液的黏度为η，则η_r的计算式为

$$\eta_r = \frac{\eta}{\eta_0} \tag{5.26}$$

增比黏度（η_{sp}）：相对黏度的增加值，即扣除了溶剂分子之间的内摩擦效应；η_{sp}与高聚物溶液浓度有关，一般随溶液浓度c的增加而增加。η_{sp}的计算式为

$$\eta_{sp}=\frac{\eta-\eta_0}{\eta_0}=\eta_r-1 \tag{5.27}$$

比浓黏度（$\frac{\eta_{sp}}{c}$）：增比黏度η_{sp}与浓度c的比值，c为每100 mL溶液中溶质的克数，单位用$g\cdot mL^{-1}$表示。$\frac{\eta_{sp}}{c}$的计算式为

$$\frac{\eta_{sp}}{c}=\frac{\eta_r-1}{c} \tag{5.28}$$

比浓对数黏度（$\frac{\ln\eta_r}{c}$）：相对黏度的自然对数与浓度c的比值，单位常用$mL\cdot g^{-1}$表示。$\frac{\ln\eta_r}{c}$的计算式为

$$\frac{\ln\eta_r}{c}=\frac{\ln(1+\eta_{sp})}{c} \tag{5.29}$$

特性黏度（$[\eta]$）：比浓黏度$\frac{\eta_{sp}}{c}$或比浓对数黏度$\frac{\ln\eta_r}{c}$在无限稀释时的外推值，其值与浓度无关，单位常用$mL\cdot g^{-1}$表示；无限稀释后进一步消除了高聚物分子之间的内摩擦，故该黏度量反映了高聚物分子与溶剂分子之间的黏度。$[\eta]$的计算式为

$$[\eta]=\lim_{c\to 0}\frac{\eta_{sp}}{c}=\lim_{c\to 0}\frac{\ln\eta_r}{c} \tag{5.30}$$

在一定温度下，聚合物溶液黏度对浓度有一定的依赖关系。描述溶液黏度与浓度关系的方程式较多，最常用的有哈金斯（Huggins）方程和克拉默（Kraemer）方程，即在足够稀的溶液中则有

$$\frac{\eta_{sp}}{c}=[\eta]+k[\eta]^2c \tag{5.31}$$

$$\frac{\ln\eta_r}{c}=[\eta]-\beta[\eta]^2c \tag{5.32}$$

对于某一高聚物在给定的温度和溶剂下，k、β是常数。其中，k称为Huggins常数，表示溶液中高聚物分子之间以及高聚物分子与溶剂分子之间的相互作用，一般来说k值对相对分子质量不敏感。分别以$\frac{\eta_{sp}}{c}$对c作图和$\frac{\ln\eta_r}{c}$对c作图，可得到两条直线，利用外推法两条直线在纵坐标轴上相交于同一点，可得到共同的截距，即为[η]，如图5.4所示。

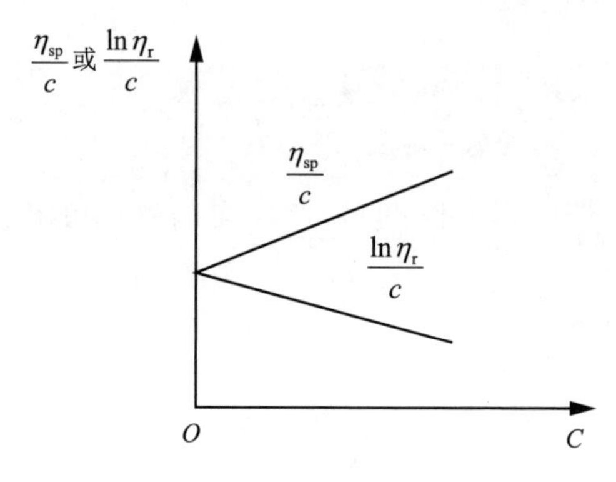

图5.4　外推法求[η]值

对于某一高聚物在给定的温度和溶剂下，[η]值仅与高聚物的平均相对分子质量$\overline{M}$有关，它们之间的关系通常用马克–霍温克（Mark-Houwink）经验方程式来表示，即

$$[\eta]=K\overline{M}^{\alpha} \tag{5.33}$$

式中，K为黏度常数，与高聚物在溶液中的形态以及高分子链的统计链单元长度和结构单元长度有关；a为扩张因子，与溶液中高聚物分子的形态有关，一般介于0.5 ~ 1.0之间。

若已知K和a，则可通过黏度的测定，求得[η]，从而利用式（5.33）计算出高聚物的黏均相对分子质量。K值和a值可从相关手册中查到。

当高聚物溶液浓度不太大，且溶液和溶剂在黏度计中的流出时间大于100 s时，则有

$$\eta_r=\frac{\eta}{\eta_0}=\frac{t}{t_0} \tag{5.34}$$

式中，t为溶液在黏度计中的流出时间（s）；t_0为溶剂在黏度计中的流出时间（s）。

综上所述，本实验通过测定高聚物聚乙二醇溶液和溶剂蒸馏水在黏度计中的流出时间，由式（5.34）计算出η_r，再由式（5.27）计算出η_{sp}，然后通过式（5.31）、式（5.32）作图外推求得$[\eta]$，最后根据式（5.33）求出聚乙二醇的黏均相对分子质量。

三、实验仪器

恒温槽，乌氏黏度计，铁架台，秒表，移液管，洗耳球，乳胶管，弹簧夹等。

四、实验试剂

聚乙二醇溶液（0.020 g · mL^{-1}）：称取2.0 g聚乙二醇于烧杯中，完全溶解后转入到100 mL容量瓶中，用蒸馏水定容。

五、实验内容与步骤

1. 仪器调节

将恒温槽的温度调节为30℃，并调节搅拌速度。打开数字控温器的“加热”开关和“搅拌”开关，开始加热。按照本章实验五所述方法安装黏度计，当水浴温度达到30℃后，恒温5 min，待水浴槽各处温度均匀后开始后续实验。

2. 溶液流出时间t的测量

用移液管移取10 mL 0.020 g · mL^{-1}聚乙二醇溶液加入到黏度计的A管，恒温10 min后，按照本章实验五所述方法测定聚乙二醇溶液流经毛细管所需的时间t_1。然后经A管依次加入5 mL、5 mL、10 mL、10 mL蒸馏水，稀释后的浓度分别为原溶液浓度的2/3、1/2、1/3、1/4，分别测定稀释后溶液的流出时间t_2、t_3、t_4、t_5。上述每个浓度下的流出时间均重复测定3次，保证每次测定值相差 ± 0.2 s以内，记录相应数据，最后取其平均值。

3. 溶剂流出时间t_0的测量

清洗乌氏黏度计后，用移液管移取10 mL蒸馏水加入到黏度计的A管，恒温10 min后测定溶剂蒸馏水流经毛细管所需的时间，重复测定3次，记录相应数据，保证每次测定值相差 ± 0.2 s以内，最后取其平均值。

实验完毕，倒出蒸馏水，将黏度计倒置晾干；将仪器旋钮回归零位，关闭电源。

六、实验注意事项

1. 乌氏黏度计使用中的注意事项参见本章实验五。

2. 本实验中溶液的稀释是直接在黏度计中进行的，加入蒸馏水后需充分混匀（用洗耳球反复抽吸）并恒温后方可测定。

3. 实验过程中，恒温槽的温度要保持恒定，一般温度变化不超过 ± 0.1℃。

4. 往黏度计内加入溶液时，溶液不能流到黏度计的壁上，待测溶液在黏度计内不能有气泡。

5. 若作图时两直线不能在纵轴上交于一点，则取$\frac{\eta_{sp}}{c}$-c直线的截距作为$[\eta]$。

七、实验数据记录与处理

1. 数据记录

将实验数据和结果记录在表5.12中。

表5.12　实验数据和结果记录表

样品		流出时间t(s)			
聚乙二醇溶液	相对浓度c'	1	2	3	平均
	1				
	2/3				
	1/2				
	1/3				
	1/4				
蒸馏水					
温度(℃)					

2. 数据处理

(1)根据测定数据计算各浓度下的η_r、η_{sp}、$\ln\eta_r$、$\frac{\ln\eta_r}{c}$、$\frac{\eta_{sp}}{c}$，将结果填入表5.13。

表5.13　数据处理表

聚乙二醇溶液浓度c($g\cdot mL^{-1}$)	η_r	η_{sp}	$\ln\eta_r$	$\frac{\ln\eta_r}{c}$	$\frac{\eta_{sp}}{c}$

（2）分别以 $\frac{\ln \eta_r}{c}$ 为纵坐标、c 为横坐标和以 $\frac{\eta_{sp}}{c}$ 为纵坐标、c 为横坐标作出 $\frac{\ln \eta_r}{c}$-c 图和 $\frac{\eta_{sp}}{c}$-c 图，用外推法求得共同的截距，即为 $[\eta]$。

（3）按照式（5.33）求出聚乙二醇的黏均相对分子质量。其中，30℃时聚乙二醇溶液对应的 K 值为 0.012 5 mL·g^{-1}、a 值为 0.78。

思　考　题

1. 相对黏度、增比黏度、特性黏度的物理意义分别是什么？

2. 特性黏度 $[\eta]$ 与纯溶剂的黏度 η_0 有什么区别？为什么要用 $[\eta]$ 来求高聚物相对分子质量？

3. 黏度法测定高聚物相对分子质量的优缺点是什么？

4. 采用乌氏黏度计测定高聚物相对分子质量时有哪些注意事项？

实验九　高分子化合物对溶胶的絮凝与保护作用

一、实验目的

1. 了解高分子化合物对溶胶的絮凝与保护作用。
2. 熟悉用化学凝聚法制备溶胶的方法。
3. 掌握用分光光度计法确定絮凝剂最佳投药量的方法。

二、实验原理

在胶体溶液中加入少量高分子絮凝剂，可引起胶体的絮凝作用。当加入较多量的高分子絮凝剂时，反而使胶体更加稳定存在。这是因为高分子被吸附在胶粒表面，形成一层较厚的保护膜，因而胶体颗粒不会再通过“架桥”作用而絮凝，此时高分子对胶体起保护作用。常用的高分子絮凝剂有明胶、淀粉、聚丙烯酰胺、改性多糖等。本实验以明胶为例，考察高分子絮凝剂对AgI溶胶的絮凝与保护作用。

AgI溶胶的透光率随明胶投加量的变化而变化。随着明胶投加量的增大，透光率逐渐升高，说明胶体的稳定性逐渐降低。当透光率达到最大值时，明胶的投加量达到最佳量；继续增加明胶的投加量，透光率又逐渐降低，说明明胶对胶体逐渐起到保护作用，使胶体又处于稳定状态。

三、实验仪器

可见分光光度计，磁力搅拌器，烧杯（500 mL），比色管（50 mL），移液管，洗耳球等。

四、实验试剂

碘化钾，硝酸银，明胶。

溶液配制方法如下：

1. KI溶液（0.01 $mol \cdot L^{-1}$）：称取0.166 0 g碘化钾固体于烧杯中，溶解后转入100 mL容量瓶中，用蒸馏水定容。

2. $AgNO_3$溶液（0.01 $mol \cdot L^{-1}$）：称取0.169 9 g硝酸银固体于烧杯中，溶解后转入100 mL容量瓶中，用蒸馏水定容。

3. 明胶溶液（0.25%）：称取0.25 g明胶于烧杯中，溶解后转入100 mL容量瓶中，用蒸馏水定容。

五、实验内容与步骤

1. AgI溶胶的制备

用移液管移取100 mL 0.01 mol·L^{-1} KI溶液于500 mL烧杯中，将烧杯放在磁力搅拌器上进行搅拌。再用移液管取120 mL 0.01 mol·L^{-1} $AgNO_3$溶液缓慢加入到盛有KI溶液的烧杯中，搅拌均匀后即得AgI溶胶，静置20 min后备用。

2. 明胶的絮凝与保护作用

取8支比色管，用移液管分别移取20 mL AgI溶胶于比色管中。然后向各比色管中分别加入0.0 mL、0.1 mL、0.2 mL、0.4 mL、0.6 mL、0.8 mL、1.0 mL、1.2 mL 0.25%明胶溶液，每次加入明胶溶液后均需将比色管上下翻转5 ~ 6次使其混合均匀。然后向比色管中加蒸馏水至50 mL刻线，再将比色管上下翻转5 ~ 6次使其混合均匀。静置30 min后，取每支比色管的上部清液于1 cm比色皿中，采用可见分光光度计以蒸馏水为参比溶液，在波长522 nm处测定其透光率，并记录数据。

六、实验注意事项

1. 制备AgI溶胶时，$AgNO_3$溶液一定要在磁力搅拌器的不断搅拌下缓慢加入。
2. 测试透光率时，应取上部清液加入到比色皿中。

七、实验数据记录与处理

1. 数据记录

将明胶不同投加量下测得的透光率记录在表5.14中。

表5.14　数据记录表

编号	1	2	3	4	5	6	7	8
0.25%明胶溶液（mL）	0.0	0.1	0.2	0.4	0.6	0.8	1.0	1.2
明胶投加量（mg/L）								
透光率（%）								

2. 数据处理

以AgI溶胶透光率（%）为纵坐标、明胶的投加量（mg/L）为横坐标作图，确定明胶作为AgI溶胶的絮凝剂时最佳投加量。

思 考 题

1. 什么情况下高分子絮凝剂对胶体有絮凝作用？什么情况下起保护作用？

2. 为什么高分子絮凝剂会对胶体起到保护作用？

3. 溶胶的透光率随絮凝剂投加量的变化规律是什么？从绘制的“溶胶透光率-絮凝剂投加量”图中，可以获得什么重要数据？

第六章　环境化学实验

第一节　基础类实验

实验一　空气中氮氧化物的测定

一、实验目的

1. 了解空气中氮氧化物测定的意义。
2. 掌握盐酸萘乙二胺分光光度法测定氮氧化物的基本原理和方法。
3. 学会大气采样器采集大气样品的操作方法。

二、实验原理

空气中的氮氧化物（NO_x）主要包括一氧化氮（NO）和二氧化氮（NO_2），其主要来源于硝酸工业、氮肥生产、化石燃料燃烧以及汽车排放的尾气等。NO_x的毒性较大，对呼吸道和呼吸器官有刺激作用，危害人和动物的健康；NO_x能与有机物发生光化学反应产生光化学烟雾，造成更为严重的二次污染；NO_x也能转化成硝酸和硝酸盐，通过降水对水环境和土壤环境等造成危害。因此，NO_x是大气污染物监测中的主要指标之一。

在测定NO_x时，常用的方法为盐酸萘乙二胺分光光度法，即先用三氧化铬（CrO_3）将NO等低价态氮氧化成NO_2，NO_2被吸收液吸收后生成亚硝酸（HNO_2），其与对氨基苯磺酸发生重氮化反应，再与盐酸萘乙二胺偶合，生成玫瑰红色偶氮染料。根据颜色深浅，在吸收波长λ为540 nm处，可采用分光光度法比色测定，吸光度A与浓度c的关系符合朗伯－比尔定律。

三、实验仪器

可见分光光度计，大气采样器（流量范围：0 ～ 1.0 L·min^{-1}），三脚架，多孔玻板吸收管（棕色），双球玻璃管，干燥缓冲瓶，洗耳球，移液管，比色管（10 mL）等。

四、实验试剂

对氨基苯磺酸，冰乙酸，盐酸萘乙二胺，亚硝酸钠，浓盐酸，三氧化铬，石英砂（20 ~ 40目），变色硅胶。

溶液配制方法如下：

1. 吸收原液：称取5.0 g对氨基苯磺酸固体于1 000 mL烧杯中，加入50 mL冰乙酸和900 mL蒸馏水的混合液，加热溶解；再加入0.05 g盐酸萘乙二胺，搅拌溶解，冷却后转入1 000 mL容量瓶中，用蒸馏水定容，贮存在棕色瓶并置于冰箱中保存。

2. NO_2^-标准溶液（5.0 mg·L^{-1}）：准确称取0.015 0 g亚硝酸钠固体于烧杯中，溶解后转入100 mL容量瓶中，用蒸馏水定容，配得NO_2^-标准储备液（100 mg·L^{-1}）。准确移取25.0 mL该NO_2^-标准储备液到500 mL容量瓶中，用蒸馏水定容，配得NO_2^-标准溶液。

3. HCl溶液（1+2）：移取20 mL浓盐酸到烧杯中，加入40 mL蒸馏水，混匀。

4. 三氧化铬－石英砂：称取20 g石英砂固体于烧杯中，用HCl溶液（1+2）浸泡一夜，然后用蒸馏水洗至中性，在烘箱里于105℃下烘干。称取1.0 g三氧化铬与石英砂混合，加少量蒸馏水调匀；在烘箱里于105℃下烘干，烘干过程中搅拌几次，可制得松散的三氧化铬－石英砂。若粘在一起，说明三氧化铬用量太大，可适当增加一些石英砂重新配制。

五、实验内容与步骤

1. 空气中NO_x的采集

（1）采样前的准备

用移液管移取4.0 mL吸收原液和1.0 mL蒸馏水于多孔玻板吸收管内，混匀后即为采样用的吸收液。将三氧化铬－石英砂装入双球玻璃管内，两端用少量脱脂棉塞好。将变色硅胶装入干燥缓冲瓶内。

（2）NO_x的采集

在采样地点，将内装5.0 mL吸收液的多孔玻板吸收管一端用乳胶管连接上氧化管（即装有三氧化铬－石英砂的双球玻璃管），并使管口微向下倾斜，朝上风向，避免潮湿空气将氧化管弄湿而污染吸收液；另一端用乳胶管连接上装有变色硅胶的干燥缓冲瓶，干燥缓冲瓶再连接到大气采样器。具体连接如图6.1所示。

调节三脚架使采样高度为1.5 m后，开启大气采样器，以0.3 L·min^{-1}的流量采集空气30 min。

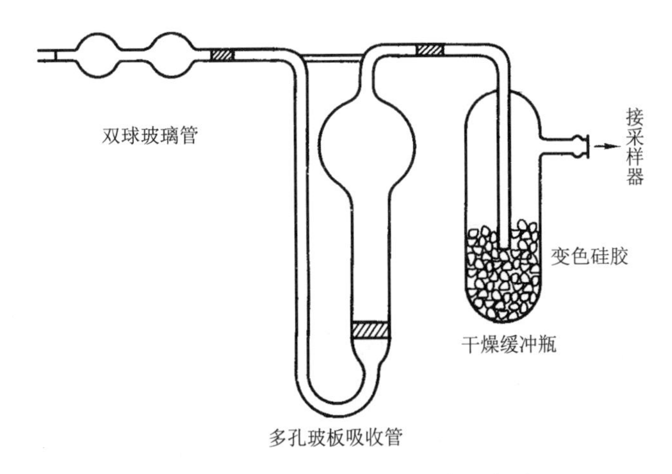

图6.1　氮氧化物采样装置连接示意图

2. 空气中NO_x含量的测定

（1）标准曲线的绘制

取7支洁净的10 mL比色管，进行编号。用移液管准确吸取5.0 mg·L^{-1} NO_2^-标准溶液0.0 mL、0.1 mL、0.2 mL、0.3 mL、0.4 mL、0.5 mL和0.6 mL分别加入到7支比色管中。其中，第一支比色管中不加NO_2^-标准溶液（即0.0 mL）为空白试剂，测得吸光度记为A_0。然后在上述7支比色管中均加入4.0 mL吸收原液，最后均以蒸馏水稀释至5 mL刻度，摇匀。放置15 min后，用1 cm比色皿，以蒸馏水作参比，在吸收波长λ为540 nm处，采用可见分光光度计测定各比色管中溶液的吸光度A。

（2）空气中NO_x的测定

将采样后的吸收液放置15 min后，直接倒入到1 cm比色皿中，在波长λ为540 nm处，以蒸馏水作参比，测定其吸光度$A_{样}$。

六、实验注意事项

1. 注意多孔玻板吸收管两端与氧化管、干燥缓冲瓶以及大气采样器的连接顺序，切勿接反。
2. 干燥缓冲瓶中的变色硅胶应为蓝色，若变成粉色或无色，则应更换。
3. 绘制标准曲线时，应以均匀、缓慢的速度向各比色管中加入NO_2^-标准溶液。
4. 若采集交通干线空气中的NO_x，需在采样时间内记录汽车流量。

七、实验数据记录与处理

1. 数据记录

将实验数据记录在表6.1中。

表6.1 实验数据记录表

编号	0	1	2	3	4	5	6	采样品
NO_2^-标准溶液体积（mL）								—
NO_2^-浓度（$mg \cdot L^{-1}$）								—
吸光度A								
$A-A_0$								

2. 数据处理

（1）标准曲线的绘制

根据实验数据，以NO_2^-浓度（c）为横坐标，吸光度（$A-A_0$）为纵坐标，用Excel（或Origin）绘制标准曲线，得出标准曲线的回归方程$y=ax+b$和复相关系数R^2。

（2）空气中NO_2^-含量的确定

由空气样品的吸光度（$A_{样}-A_0$）根据标准曲线方程计算出空气中NO_2^-的浓度，计算公式如下

$$c_{NO_x}=\frac{(A_{样}-A_0)-b}{a\times V_{样}\times 0.76}\times 5.0 \tag{6.1}$$

式中，c_{NO_x}表示空气中NO_x浓度（$mg \cdot m^{-3}$）；$A_{样}$表示采样样品溶液的吸光度；A_0表示空白试剂的吸光度；$V_{样}$表示采样体积，即采样时间与流量的乘积（L）；a、b为回归方程系数；0.76为NO_2（气）转换成NO_2^-（液）的转换系数；5.0为吸收液体积数。

思考题

1. 氧化管中三氧化铬和石英砂的作用分别是什么？
2. 干燥缓冲瓶中变色硅胶的作用是什么？
3. 根据实验结果，空气中氮氧化物的污染状况如何？
4. 氮氧化物与光化学烟雾有什么关系？产生光化学烟雾需要哪些条件？

实验二　絮凝法处理水中胶体颗粒物

一、实验目的

1. 了解水中胶体颗粒物定义、来源和性质。
2. 熟悉六联搅拌器、浊度仪和酸度计的操作使用方法。
3. 掌握絮凝法去除胶体颗粒物的作用机理和影响絮凝的主要因素。

二、实验原理

水中胶体物质是指直径在1 ~ 100 nm之间的微粒，而悬浮物质是指直径在100 nm以上的颗粒，肉眼可见。这些微粒主要由泥沙、黏土、原生动物、藻类、细菌、病毒以及高分子有机物等组成，常常悬浮在水体中，使水产生浑浊现象；悬浮物是造成水质浊度、色度、气味的主要来源。

由于胶体物质的颗粒小、质量轻，单位体积所具有的表面积很大，故其表面积具有较大的吸附能力，常常可吸附多量的离子而带电，使得同类胶体带有同性的电荷（一般带有负电荷）而互相排斥，在水中不能互相粘合而处于稳定状态。因此，胶体颗粒物不能借重力自然沉降而去除，通常是在水中加入药剂（称为絮凝剂）破坏其稳定，使胶体颗粒物增大以提高沉降性能而被除去。

当在浑浊水中加入絮凝剂后，絮凝剂会与胶体颗粒物发生压缩双电层、吸附电中和、吸附架桥和网捕卷扫等絮凝作用，使胶体颗粒物脱稳并发生絮凝，形成大的颗粒而沉降下去。絮凝剂一般可分为无机絮凝剂、有机絮凝剂、生物絮凝剂和复合絮凝剂，不同类型絮凝剂的絮凝作用机理是各异的。

絮凝法可以去除水中的悬浮物质、胶体颗粒物、有机物、油类以及色度物质等。絮凝效果的主要影响因素包括絮凝剂种类、絮凝剂投加量、胶体颗粒物大小、pH值、温度以及水力条件等。由悬浮物质和胶体颗粒物引起水的浑浊程度常用浊度衡量，单位用NTU表示。水中浊度的测定方法主要有分光光度法和浊度仪法。

本实验选取典型的无机絮凝剂硫酸铁（$Fe_2(SO_4)_3$）和有机絮凝剂聚丙烯酰胺（PAM），采用絮凝法处理水中的胶体颗粒物（以高岭土配制），主要考虑絮凝剂种类、絮凝剂投加量、pH值等对絮凝效果的影响，选用浊度仪法测定水中的浊度。

三、实验仪器

六联搅拌器，浊度仪，酸度计，温度计，洗耳球，移液管，玻璃棒，烧杯（500 mL），离心管（10 mL），量筒（500 mL）等。

四、实验试剂

硫酸铁，聚丙烯酰胺，高岭土，浓硫酸，氢氧化钠。

溶液配制方法如下：

1. $Fe_2(SO_4)_3$溶液（400 mg · L^{-1}）：称取0.20 g硫酸铁固体于烧杯中，溶解后转入500 mL容量瓶中，用蒸馏水定容。

2. PAM溶液（200 mg · L^{-1}）：称取0.10 g聚丙烯酰胺固体于烧杯中，溶解后转入500 mL容量瓶中，用蒸馏水定容。

3. 高岭土悬浊液（1%）：称取5.0 g高岭土粉末于试剂瓶中，加入500 mL蒸馏水，混匀后备用。

4. H_2SO_4溶液（10%）：移取10 mL浓硫酸到盛有一定量蒸馏水的100 mL容量瓶中，冷却后用蒸馏水定容。

5. NaOH溶液（10%）：称取10 g氢氧化钠固体于烧杯中，溶解、冷却后转入100 mL容量瓶中，用蒸馏水定容。

五、实验内容与步骤

1. 含浊水样的配制

用量筒量取400 mL自来水于6个烧杯中，将1%高岭土悬浊液充分摇匀后，用移液管分别移取5.0 mL加入到各个烧杯中，用玻璃棒搅匀，配制成含浊水样。选择其中一个烧杯，用浊度仪测定水样的浊度（计为原浊），记录数据。

2. 中性水样的絮凝

（1）用温度计和酸度计分别测定步骤1中含浊水样的温度和pH值（测定其中一个烧杯即可），记录数据。

（2）用移液管分别移取1.0 mL、2.0 mL、3.0 mL、4.0 mL、5.0 mL、6.0 mL无机絮凝剂$Fe_2(SO_4)_3$溶液（400 mg · L^{-1}）于6支离心管中，并将步骤1中所配制的含浊水样置于六联搅拌器上。开始搅拌，以120 r · min^{-1}的速率快搅0.5 min后，同时向烧杯中投加上述不同体积的絮凝剂，继续快搅（120 r · min^{-1}）1 min后；再以40 r · min^{-1}的速率慢搅10 min。取下水样，静置10 min后，移取每个烧杯中的上清液用浊度仪测定各水样的浊度（计为余浊），记录数据。

实验过程中记录快搅、慢搅以及静置等阶段的实验现象，例如：烧杯中絮体的产生情况、絮体的大小、密实程度以及沉降速度等。

（3）将无机絮凝剂$Fe_2(SO_4)_3$溶液（400 mg · L^{-1}）换为有机絮凝剂PAM溶液（200 mg · L^{-1}），按照（2）中步骤进行絮凝实验，记录实验现象和余浊数据。

3. 酸性水样的絮凝

按照步骤1中的方法配制水样，然后在每个烧杯中均加入1.0 mL 10% H_2SO_4溶液，用玻璃棒搅匀后测其温度、pH值，记录数据。

按照步骤2中（2）、（3）分别进行无机絮凝剂$Fe_2(SO_4)_3$和有机絮凝剂PAM的絮凝实验，记录实验现象和余浊数据。

4. 碱性水样的絮凝

按照步骤1中的方法配制水样，然后在每个烧杯中均加入1.0 mL 10% NaOH溶液，用玻璃棒搅匀后测其温度、pH值，记录数据。

按照步骤2中（2）、（3）分别进行无机絮凝剂$Fe_2(SO_4)_3$和有机絮凝剂PAM的絮凝实验，记录实验现象和余浊数据。

六、实验注意事项

1. 含浊水样配制中，每次一定要将高岭土悬浊液充分摇匀后再移取到烧杯中。
2. 每组实验在含浊水样中投加絮凝剂时需同时加入。
3. 絮凝实验完成后，移取上清液时要小心，切勿将水样搅浑。
4. 实验中需做好实验现象和数据的记录。

七、实验数据记录与处理

1. 实验现象与数据记录

（1）记录中性、酸性、碱性含浊水样在加入不同絮凝剂时的絮凝实验现象。

（2）将实验数据记录在表6.2中。

表6.2　实验数据记录表

<table>
<tr><td colspan="3">编号
项目</td><td>1</td><td>2</td><td>3</td><td>4</td><td>5</td><td>6</td></tr>
<tr><td colspan="3">絮凝剂投加体积（mL）</td><td></td><td></td><td></td><td></td><td></td><td></td></tr>
<tr><td rowspan="4">中性水样</td><td rowspan="2">余浊（NTU）</td><td>$Fe_2(SO_4)_3$</td><td></td><td></td><td></td><td></td><td></td><td></td></tr>
<tr><td>PAM</td><td></td><td></td><td></td><td></td><td></td><td></td></tr>
<tr><td colspan="2">温度（℃）</td><td colspan="6"></td></tr>
<tr><td colspan="2">pH值</td><td colspan="6"></td></tr>
<tr><td rowspan="4">酸性水样</td><td rowspan="2">余浊（NTU）</td><td>$Fe_2(SO_4)_3$</td><td></td><td></td><td></td><td></td><td></td><td></td></tr>
<tr><td>PAM</td><td></td><td></td><td></td><td></td><td></td><td></td></tr>
<tr><td colspan="2">温度（℃）</td><td colspan="6"></td></tr>
<tr><td colspan="2">pH值</td><td colspan="6"></td></tr>
</table>

续上表

项目 \ 编号			1	2	3	4	5	6
碱性水样	余浊（NTU）	$Fe_2(SO_4)_3$						
		PAM						
	温度（℃）							
	pH值							
水样原浊（NTU）								

2. 数据处理

（1）计算浊度去除率

根据实验数据，按照下式计算浊度的去除率

$$浊度去除率 = \frac{原浊 - 余浊}{原浊} \times 100\% \quad (6.2)$$

将不同pH值（酸性、中性、碱性）的含浊水样在不同絮凝剂下计算出的浊度去除率填入表6.3。

表6.3　数据处理表

项目 \ 编号		1	2	3	4	5	6
中性水样	$Fe_2(SO_4)_3$投加量（$mg \cdot L^{-1}$）						
	浊度去除率（%）						
	PAM投加量（$mg \cdot L^{-1}$）						
	浊度去除率（%）						
酸性水样	$Fe_2(SO_4)_3$投加量（$mg \cdot L^{-1}$）						
	浊度去除率（%）						
	PAM投加量（$mg \cdot L^{-1}$）						
	浊度去除率（%）						
碱性水样	$Fe_2(SO_4)_3$投加量（$mg \cdot L^{-1}$）						
	浊度去除率（%）						
	PAM投加量（$mg \cdot L^{-1}$）						
	浊度去除率（%）						

（2）作图分析

以浊度去除率（%）为纵坐标、絮凝剂投加量（$mg\cdot L^{-1}$）为横坐标，分别作出无机絮凝剂、有机絮凝剂在不同pH值下（酸性、中性、碱性）浊度去除率与投药量的关系图，确定不同pH值下不同絮凝剂的最佳投加量，比较无机絮凝剂和有机絮凝剂的除浊能力。

思考题

1. 影响絮凝效果的因素包括哪些?
2. 絮凝法主要可以处理水中哪些污染物质?
3. 絮凝剂投加量、水样pH值对浊度的去除率如何影响? 为什么?
4. 无机絮凝剂和有机絮凝剂的除浊能力是否相同? 为什么?

实验三　螯合沉淀法去除水中镍离子

一、实验目的

1. 了解镍的毒性、含镍废水的来源以及处理方法。
2. 理解重金属捕集剂去除水中镍离子的基本原理。
3. 学会确定重金属捕集剂的最佳投加量和最佳pH值。
4. 掌握丁二酮肟分光光度法测定镍的原理和方法。

二、实验原理

镍(Ni)是致癌物，在体内有蓄积作用；接触镍盐时，会出现皮炎、湿疹等，镍中毒时可引起头痛、呕吐、肺出血、虚脱、肺癌和鼻癌等。含镍废水主要来自电镀车间镀镍、有色金属冶炼、墨水生产以及玻璃制造等生产过程中的排水。重金属废水的末端治理方法主要有化学沉淀法、吸附法、离子交换法以及电解法等。其中，化学沉淀法为国内外普遍采用的重金属废水处理方法，主要包括中和沉淀法、硫化物沉淀法、螯合沉淀法和铁氧体共沉淀法等。

螯合沉淀法是利用对重金属具有螯合作用的一类重金属捕集剂来沉淀废水中的重金属离子，使重金属浓度降低的一种方法。该方法具有处理方法简单、重金属处理效率高、pH值适应范围宽、污泥量少、不易产生二次污染等优点。该方法处理重金属废水时的影响因素主要包括重金属捕集剂的种类及投加量、废水pH值、重金属的种类及浓度等。

重金属捕集剂的结构中含有亲水性的配位基团，它与水中的重金属离子发生螯合反应，生成不溶于水的重金属螯合沉淀物。本实验选用二乙基二硫代氨基甲酸钠(简称DDTC)作为重金属捕集剂，处理水样中的镍离子(Ni^{2+})。

镍的测定方法主要有丁二酮肟分光光度法、原子吸收分光光度法和等离子发射光谱法等。本实验选用丁二酮肟分光光度法测定镍。

在氨性溶液中，有氧化剂碘存在时，镍与丁二酮肟作用，形成组成为1∶4的酒红色可溶性配合物。该配合物在440 nm和530 nm处有两个吸收峰，对应的摩尔吸收系数ε分别为$1.5\times10^4\ L\cdot mol^{-1}\cdot cm^{-1}$和$6.6\times10^3\ L\cdot mol^{-1}\cdot cm^{-1}$。为了消除柠檬酸铁等的干扰，可选择灵敏度稍低的波长530 nm进行测定，吸光度A与浓度c的关系符合朗伯–比尔定律。

用丁二酮肟分光光度法测定镍时，若加入柠檬酸铵，可消除Pb^{2+}、Zn^{2+}、Ca^{2+}、Mg^{2+}、Hg^{2+}、Cr^{6+}、Cr^{3+}、Al^{3+}、Ag^{+}等离子的干扰；若加入EDTA，可消除Cu^{2+}、Co^{2+}、Mn^{2+}、Fe^{3+}等离子的干扰。

三、实验仪器

六联搅拌器，可见分光光度计，酸度计，洗耳球，移液管，玻璃棒，烧杯（500 mL），离心管（10 mL），量筒（500 mL），比色管（25 mL）等。

四、实验试剂

二乙基二硫代氨基甲酸钠，浓硝酸，金属镍（99.9%），柠檬酸铵，碘，碘化钾，乙二胺四乙酸二钠（Na_2-EDTA），丁二酮肟，硫酸镍，浓氨水，浓盐酸。

溶液配制方法如下：

1. DDTC溶液（24 000 mg · L^{-1}）：称取6.0 g二乙基二硫代氨基甲酸钠固体于烧杯中，溶解后转入250 mL容量瓶中，用蒸馏水定容。

2. HNO_3溶液（1+1）：移取25 mL浓硝酸到50 mL容量瓶中，用蒸馏水定容。

3. HNO_3溶液（1%）：移取1.0 mL浓硝酸到100 mL容量瓶中，用蒸馏水定容。

4. Ni标准溶液（20 mg · L^{-1}）：准确称取0.100 0 g金属镍于烧杯中，加入10 mL HNO_3溶液（1+1）溶解后，加热蒸发至近干；再用1% HNO_3溶液溶解，转入1 000 mL容量瓶中，用蒸馏水定容，配得Ni标准储备液（100 mg · L^{-1}）。准确移取20.0 mL该Ni标准储备液到100 mL容量瓶中，用蒸馏水定容，配得Ni标准溶液。

5. 柠檬酸铵溶液（50%）：称取125 g柠檬酸铵固体于烧杯中，加热溶解，冷却后转入250 mL容量瓶中，用蒸馏水定容。

6. 碘溶液（0.05 mol · L^{-1}）：称取2.5 g碘化钾固体于烧杯中，用少量蒸馏水溶解；称取1.27 g固体碘加入该烧杯中，加热溶解，冷却后转入100 mL容量瓶中，用蒸馏水定容。

7. EDTA溶液（5%）：称取12.5 g Na_2-EDTA固体于烧杯中，加热溶解，冷却后转入250 mL容量瓶中，用蒸馏水定容。

8. 丁二酮肟溶液（0.5%）：称取1.25 g丁二酮肟固体于烧杯中，加入125 mL浓氨水，加热溶解，冷却后转入250 mL容量瓶中，用蒸馏水定容。

9. Ni^{2+}储备液（10 000 mg · L^{-1}）：称取4.477 3 g硫酸镍固体于烧杯中，溶解后转入100 mL容量瓶中，用蒸馏水定容。

10. HCl溶液（1 mol · L^{-1}）：移取8.3 mL浓盐酸到100 mL容量瓶中，用蒸馏水定容。

五、实验内容与步骤

1. 标准曲线的绘制

取6支洁净的25 mL比色管，进行编号。用移液管准确吸取20 mg · L^{-1} Ni标准溶液0.0 mL、1.0 mL、2.0 mL、3.0 mL、4.0 mL和5.0 mL分别加入到6支比色管中。其中,第一支比色管中不加Ni标准溶液(即0.0 mL)为空白试剂,用作参比溶液。然后在上述6支比色管中依次均加入2.0 mL 50%柠檬酸铵溶液和1.0 mL 0.05 mol·L^{-1}碘溶液,用蒸馏水稀释至20 mL,摇匀;再均加入2.0 mL 0.5%丁二酮肟溶液,摇匀;然后均加入2.0 mL 5% EDTA溶液,最后均以蒸馏水稀释至25 mL刻度,摇匀。放置5 min后,用1 cm比色皿,以空白试剂作参比,在波长λ为530 nm处,采用可见分光光度计测定各比色管中溶液的吸光度A。

2. 含镍水样的配制

用量筒量取400 mL自来水于6个烧杯中,分别加入1.0 mL 10 000 mg·L^{-1} Ni^{2+}储备液,配制成Ni^{2+}浓度为25 mg·L^{-1}的含镍水样。

3. DDTC去除Ni^{2+}的絮凝实验

(1)用酸度计测定步骤2中含镍水样的pH值(测定其中一个烧杯即可),记录数据。

(2)用移液管分别移取1.0 mL、2.0 mL、3.0 mL、4.0 mL、5.0 mL、6.0 mL重金属捕集剂DDTC溶液(24 000 mg·L^{-1})于6支离心管中,并将步骤2中所配制的含镍水样置于六联搅拌器上。开始搅拌,以120 r·min^{-1}的速率快搅0.5 min后,同时向烧杯中投加上述不同体积的重金属捕集剂,继续快搅(120 r·min^{-1})2 min后;再以40 r·min^{-1}的速率慢搅l0 min。取下水样,静置10 min后,移取每个烧杯中的上清液5.0 mL于25 mL比色管中,按照标准曲线绘制中的方法加入各试剂。放置5 min后,用1 cm比色皿,以空白试剂作参比,波长λ为530 nm处,采用可见分光光度计测定各比色管中溶液的吸光度$A_{水样}$。

实验过程中记录快搅、慢搅以及静置等阶段的实验现象,例如:烧杯中絮体的产生情况、絮体的大小、密实程度以及沉降速度等。

4. pH值对DDTC去除Ni^{2+}的影响

(1)按照步骤2中的方法配制含镍水样,然后在每个烧杯中均加入1.0 mL 1 mol·L^{-1} HCl溶液,用玻璃棒搅匀后用酸度计测其pH值(测定其中一个烧杯即可),记录数据。然后按照步骤3中(2)进行絮凝实验,记录实验现象和测定吸光度$A_{水样}$。

(2)将(1)中加入1 mol·L^{-1} HCl溶液的体积数依次变为1.5 mL、2.0 mL、3.0 mL,用酸度计测定pH值;按照(1)中步骤进行絮凝实验,记录实验现象和测定相应的吸光度$A_{水样}$。

六、实验注意事项

1. 在标准曲线的绘制中,需按照顺序加入各试剂,且步骤中要求摇匀时必须在加入试剂后摇匀。

2. 絮凝实验完成后，移取上清液时要小心，切勿将水样搅浑。

3. 实验中需做好实验现象和数据的记录。

七、实验数据记录与处理

1. 数据记录

（1）记录不同pH值下DDTC去除Ni^{2+}中的絮凝实验现象。

（2）将实验数据记录在表6.4 ～表6.6中。

①标准曲线的绘制（表6.4）

表6.4　标准曲线数据记录表

编号	0	1	2	3	4	5
Ni标准溶液体积（mL）						
Ni浓度（$mg \cdot L^{-1}$）						
吸光度A						

②基本数据（表6.5）

表6.5　基本数据记录表

水样中Ni^{2+}初始浓度（$mg \cdot L^{-1}$）	25				
加入HCl溶液体积（mL）	0.0	1.0	1.5	2.0	3.0
pH值					

③pH值对DDTC去除Ni^{2+}的影响（表6.6）

表6.6　pH值对DDTC去除Ni^{2+}的影响记录表

编号		1	2	3	4	5	6
DDTC投加体积（mL）							
pH=___	吸光度A						
pH=___	吸光度A						
pH=___	吸光度A						
pH=___	吸光度A						
pH=___	吸光度A						

2. 数据处理

（1）标准曲线的绘制

根据实验数据，以Ni浓度（c）为横坐标，吸光度（A）为纵坐标，用Excel（或Origin）绘制标准曲线，得出标准曲线的回归方程$y=ax+b$和复相关系数R^2。

（2）Ni^{2+}去除率的计算

由絮凝后水样的吸光度$A_{水样}$根据标准曲线方程计算出出水水样中Ni^{2+}的浓度，然后乘以稀释倍数5，即为出水水样中Ni^{2+}的剩余浓度（以$mg \cdot L^{-1}$表示）。

按照下式计算Ni^{2+}的去除率

$$Ni^{2+}去除率=\frac{Ni^{2+}初始浓度-Ni^{2+}剩余浓度}{Ni^{2+}初始浓度}\times 100\% \quad (6.3)$$

将以上计算结果填入表6.7中。

表6.7　数据处理表

编号		1	2	3	4	5	6
DDTC投加量（$mg \cdot L^{-1}$）							
pH=__	Ni^{2+}剩余浓度（$mg \cdot L^{-1}$）						
	Ni^{2+}去除率（%）						
pH=__	Ni^{2+}剩余浓度（$mg \cdot L^{-1}$）						
	Ni^{2+}去除率（%）						
pH=__	Ni^{2+}剩余浓度（$mg \cdot L^{-1}$）						
	Ni^{2+}去除率（%）						
pH=__	Ni^{2+}剩余浓度（$mg \cdot L^{-1}$）						
	Ni^{2+}去除率（%）						
pH=__	Ni^{2+}剩余浓度（$mg \cdot L^{-1}$）						
	Ni^{2+}去除率（%）						

（2）作图分析

以Ni^{2+}去除率（%）为纵坐标、DDTC投加量（$mg \cdot L^{-1}$）为横坐标，分别作出不同pH值下Ni^{2+}去除率与投药量的关系图，确定不同pH值下DDTC的最佳投加量和最佳pH值。

思 考 题

1. 螯合沉淀法处理重金属废水有哪些优点？该法对废水中重金属去除性能的

影响因素主要包括哪些?

2. DDTC投加量、水样pH对Ni^{2+}的去除率如何影响？为什么?

3. 絮凝实验中快搅、慢搅、静置的作用分别是什么?

4. 丁二酮肟分光光度法测定镍时加入柠檬酸铵和EDTA的作用是什么?

实验四　水体富营养化评价指标总磷的测定

一、实验目的

1. 了解水体富营养化的定义和评价指标。
2. 掌握钼锑抗分光光度法测定总磷的原理和方法。
3. 学会评价水体的富营养化程度。

二、实验原理

富营养化是指在人类活动的影响下，生物所需的氮、磷等营养物质大量进入湖泊、河口、海湾等缓流水体，引起藻类以及其他浮游生物迅速繁殖，使水体溶解氧量下降，水质恶化，鱼类和其他生物大量死亡的现象。营养物质的来源广、数量大，主要包括生活污水、农业面源、工业废水、垃圾等。人为排放含营养物质的工业废水和生活污水所引起的水体富营养化现象，可以在短期内出现；水体出现富营养化后，即使切断外界营养物质的来源，也很难自净和恢复到正常水平。水体富营养化的评价指标较多，常用的有总磷含量、氮含量、叶绿素-α含量以及初级生产率大小等。当总磷浓度$c_P < 0.005\ mg \cdot L^{-1}$时为“极贫”，$c_P$=0.005 ～ 0.010 $mg \cdot L^{-1}$时为“贫－中”，c_P=0.010 ～ 0.030 $mg \cdot L^{-1}$时为“中”，c_P=0.030 ～ 0.100 $mg \cdot L^{-1}$时为“中－富”，$c_P > 0.100\ mg \cdot L^{-1}$时为“富”。本实验主要通过测定水样中的总磷来初步评价水体的富营养化程度。

在天然水体和废水中，磷几乎都以各种磷酸盐形式存在，可分为正磷酸盐、缩合磷酸盐（焦磷酸盐、偏磷酸盐和多磷酸盐）和有机结合的磷（如磷脂等）。按照磷的存在形式可将水中磷的测定分为总磷、溶解性正磷酸盐和总溶解性磷的测定。其中，总磷需将水样经消解后进行测定，溶解性正磷酸盐是将水样经0.45 μm膜过滤后对滤液进行直接测定，总溶解性磷是将水样经0.45 μm膜过滤后对滤液再进行消解后测定。磷的测定方法主要有钼锑抗分光光度法、氯化亚锡还原钼蓝法、孔雀绿－磷钼杂多酸分光光度法和离子色谱法等。本实验选用钼锑抗分光光度法测定水样中的总磷。

先将水样中各种形态的磷经消解（如过硫酸铵消解法、过硫酸钾消解法、硝酸－硫酸消解法、硝酸－高氯酸消解法等）等预处理后转化为正磷酸盐。在酸性溶液中，正磷酸盐与钼酸铵和酒石酸锑钾反应，生成磷钼杂多酸，然后用抗坏血酸将其还原为蓝色配合物磷钼蓝。在吸收波长λ为710 nm处，可采用分光光度法进行测定，吸光度A与浓度c的关系符合朗伯－比尔定律。

三、实验仪器

电子天平，可见分光光度计，蒸发皿，酒精灯，石棉网，三角架，洗耳球，移液管，容量瓶（100 mL），锥形瓶（250 mL），比色管（50 mL）等。

四、实验试剂

磷酸二氢钾，酒石酸锑钾，钼酸铵，抗坏血酸，过硫酸铵，氢氧化钠，浓硫酸，浓盐酸，酚酞。

溶液配制方法如下：

1. 磷酸盐标准溶液（10 mg·L^{-1}）：准确称取0.439 2 g磷酸二氢钾固体于烧杯中，溶解后转入100 mL容量瓶中，用蒸馏水定容，配得磷酸盐标准储备液（1 000 mg·L^{-1}）。准确移取5.0 mL该磷酸盐标准储备液到500 mL容量瓶中，用蒸馏水定容，配得磷酸盐标准溶液。

2. H_2SO_4溶液（2 mol·L^{-1}）：移取56 mL浓硫酸到盛有一定量蒸馏水的500 mL容量瓶中，冷却后用蒸馏水定容。

3. HCl溶液（2 mol·L^{-1}）：移取16.7 mL浓盐酸到100 mL容量瓶中，用蒸馏水定容。

4. 酒石酸锑钾溶液：称取1.1 g酒石酸锑钾固体于烧杯中，溶解后转入50 mL容量瓶中，用蒸馏水定容。

5. 钼酸铵溶液：称取2.0 g钼酸铵固体于烧杯中，溶解后转入50 mL容量瓶中，用蒸馏水定容。

6. 抗坏血酸溶液：称取1.76 g抗坏血酸固体于烧杯中，溶解后转入100 mL容量瓶中，用蒸馏水定容。

7. 混合试剂：分别按照以下次序移取125 mL硫酸溶液（2 mol·L^{-1}）、12.5 mL酒石酸锑钾溶液、37.5 mL钼酸铵溶液、75 mL抗坏血酸溶液置于试剂瓶中进行混合，配得混合试剂。混合时若出现浑浊，摇动后放置至澄清。

8. NaOH溶液（6 mol·L^{-1}）：称取60.0 g氢氧化钠固体于烧杯中，溶解、冷却后转入250 mL容量瓶中，用蒸馏水定容。

9. 酚酞指示剂（1%）：称取1.0 g酚酞固体于烧杯中，加90 mL无水乙醇溶解后转入100 mL容量瓶中，用蒸馏水定容。

10. 含磷水样：移取0.2 ~ 0.5 mL磷酸盐标准储备液（1 000 mg·L^{-1}）到1 000 mL容量瓶中，用自来水定容。

五、实验内容与步骤

1. 水样预处理

用移液管准确移取100.0 mL含磷水样置于锥形瓶中，加入1.0 mL 2 mol·L^{-1} H_2SO_4溶液和3.0 g的过硫酸铵（$(NH_4)_2S_2O_8$）固体，用酒精灯加热至沸，并微沸约1 h。若锥形瓶中水样少于25 mL，则补加蒸馏水使水样体积为25 ~ 50 mL，同时用蒸馏水将锥型瓶壁上的白色凝聚物（若有）冲入水样中，再加热数分钟。冷却后，在水样中加入1滴1%酚酞指示剂，然后用6 mol·L^{-1} NaOH溶液将水样中和至微红色；再滴入2 mol·L^{-1} HCl使粉红色恰好褪去，转入100 mL容量瓶中，用蒸馏水定容。

2. 标准曲线的绘制

取7支洁净的50 mL比色管，进行编号。用移液管准确吸取10 mg·L^{-1} 磷酸盐标准溶液0.0 mL、0.5 mL、1.0 mL、1.5 mL、2.0 mL、2.5 mL和3.0 mL分别加入到7支比色管中。其中，第一支比色管中不加磷酸盐标准溶液（即0.0 mL）为空白试剂，用作参比溶液。然后将上述7支比色管中溶液均用蒸馏水稀释至25 mL刻度，再均加入1.0 mL混合试剂，摇匀后放置10 min；最后均用蒸馏水稀释至50 mL刻度，摇匀。放置10 min后，用1 cm比色皿，以空白试剂作参比，在波长λ为710 nm处，采用可见分光光度计测定各比色管中溶液的吸光度A。

3. 水样中总磷含量的测定

准确移取25.0 mL经预处理后的含磷水样至50 mL比色管中，加入1.0 mL混合试剂，摇匀后放置10 min；再用蒸馏水稀释至50 mL刻度，摇匀。放置10 min后，用1 cm比色皿，以空白试剂作参比，波λ长为710 nm处，采用可见分光光度计测定其吸光度$A_{水样}$。

六、实验注意事项

1. 本实验含磷水样为自配的不含其他干扰离子水样，可经前述简单的预处理后进行分光光度测定；在实际水样的测定中，当水样含有砷酸盐、六价铬、硫化物、亚硝酸盐等干扰离子时，需经其他预处理除去干扰离子后再进行分光光度测定。
2. 可在水样预处理中微沸1 h的时间内进行标准曲线的绘制实验。
3. 溶液中加入混合试剂摇匀后需注意显色时间，放置10 min后才能完全显色。

七、实验数据记录与处理

1. 数据记录

将实验数据记录在表6.8中。

表6.8　实验数据记录表

编号	0	1	2	3	4	5	6	水样
磷酸盐标准溶液体积（mL）								—
磷酸盐浓度（$mg \cdot L^{-1}$）								—
吸光度A								

2. 数据处理

（1）标准曲线的绘制

根据实验数据，以磷酸盐浓度（c）为横坐标，吸光度（A）为纵坐标，用Excel（或Origin）绘制标准曲线，得出标准曲线的回归方程$y=ax+b$和复相关系数R^2。

（2）水样中总磷含量的确定

由水样的吸光度$A_{水样}$根据标准曲线方程计算出水样中总磷的浓度，然后乘以稀释倍数2，即为待测水样中总磷的含量（以$mg \cdot L^{-1}$表示）。

（3）水样富营养化程度的评价

根据实验结果，对水样的富营养化程度进行评价。

思　考　题

1. 水体中磷的存在形式有哪些？磷对水体有哪些危害？

2. 混合试剂中加入硫酸溶液的作用是什么？

3. 能否用钼锑抗分光光度法直接测定水样中的总磷？若不能，应该如何处理？

4. 水体富营养化程度的评价指标有哪些？如何利用总磷评价水体的富营养化程度？

实验五　水中苯系物的挥发速率

一、实验目的

1. 了解有机污染物挥发速率的影响因素。
2. 熟悉有机污染物的挥发过程及其规律。
3. 掌握水中苯系物挥发速率的测定方法。
4. 学会紫外–可见分光光度计的操作使用方法。

二、实验原理

水环境中有机污染物随自身的物理化学性质和环境条件的不同而进行不同的迁移转化，主要包括挥发、吸附、光解、水解以及微生物降解等。水体中疏水性有机污染物和高挥发性有机污染物的主要迁移途径是从水中挥发进入空气中。水体中有机污染物的挥发符合一级动力学方程，挥发速率常数可通过实验求得，其数值大小主要受温度、水体流速、风速和水体组成等因素所影响。描述水中有机污染物挥发过程的理论有多种模式，主要是以双膜理论为基础。本实验是以C.T.Chiou修正的Knudsen方程作为测定水中有机污染物苯系物挥发速率的依据。

水体中有机污染物的挥发符合一级动力学方程，则速率方程为

$$-\frac{\mathrm{d}c}{\mathrm{d}t}=K_{\mathrm{v}}c \qquad (6.4)$$

式中，K_{v}表示挥发速率常数；c表示水中有机污染物的浓度（$\mathrm{mol\cdot m^{-3}}$）；t表示挥发时间（s）。

有机污染物挥发掉一半所需的时间，即半衰期$t_{1/2}$为

$$t_{1/2}=\frac{0.693}{K_{\mathrm{v}}} \qquad (6.5)$$

C.T.Chiou所提出的有机污染物挥发速率方程式为

$$Q=\alpha\cdot\beta\cdot P\cdot\left(\frac{M}{2\pi RT}\right)^{\frac{1}{2}} \qquad (6.6)$$

式中，Q表示单位时间、单位面积的挥发损失量（$\mathrm{g\cdot(m^2\cdot s)^{-1}}$）；$\alpha$表示有机污染物在液体表面的浓度与在本体相中浓度的比值；β表示与大气压和空气湍流有

关的挥发系数，表示在一定的空气压力和湍流的情况下，空气对有机污染物组分的阻力；P表示在实验温度时有机污染物的分压（Pa）；M表示有机污染物的摩尔质量（$g \cdot mol^{-1}$）；R表示气体常数，为8.314 $J \cdot mol^{-1} \cdot K^{-1}$；$T$表示绝对温度（K）。

根据亨利常数（H）的定义

$$H = \frac{P}{c} \tag{6.7}$$

将式（6.7）代入式（6.6）中，可得

$$Q = \alpha \cdot \beta \cdot H \cdot \left(\frac{M}{2\pi RT}\right)^{\frac{1}{2}} \cdot c = K \cdot c \tag{6.8}$$

式中，K为有机污染物的传质系数；H为亨利常数。

若以L表示溶液在一定截面积容器中的高度，则传质系数K与挥发速率常数K_v之间的关系为

$$K_v = \frac{K}{L} = \frac{\alpha \cdot \beta \cdot H \cdot \left(\frac{M}{2\pi RT}\right)^{\frac{1}{2}}}{L} \tag{6.9}$$

因此，只要求得有机污染物的传质系数K，就能求得其挥发速率常数K_v。如何求得式（6.8）中α和β的数值，可分为下面两种情况：

（1）纯物质的挥发

对于纯物质，没有浓度梯度存在，故$\alpha = 1$，$P = P_s$（P_s为纯物质的饱和蒸汽压），则

$$Q = \beta \cdot P_s \cdot \left(\frac{M}{2\pi RT}\right)^{\frac{1}{2}} \tag{6.10}$$

因此，可以通过纯物质的挥发损失确定出水中有机污染物的β值。在真空中，β=1；在空气中，由于受空气阻力的影响，$\beta < 1$。

（2）稀溶液中溶质的挥发

在稀溶液中，关键在于求得α的数值（β值与纯物质相同）。若溶质的挥发性较小，则$\alpha = 1$；若溶质的挥发性较强，溶质在液体表面的浓度与在本体相中的浓度相差较大，则$\alpha < 1$。根据式（6.8），利用从纯物质挥发测定中获得的β值（保持

不变）以及此时测得的Q值、亨利常数H值，即可求得α值。

本实验选取苯、甲苯等苯系物作为水中典型的有机污染物，利用上述原理和方法进行水中苯系物挥发速率的测定。苯和甲苯的测定中，在吸收波长λ为205 nm处，采用紫外－可见分光光度计进行比色测定，吸光度A与浓度c的关系符合朗伯－比尔定律。

三、实验仪器

紫外－可见分光光度计，双门电子天平，称量瓶，培养皿，洗耳球，移液管，比色管（10 mL）等。

四、实验试剂

苯，甲苯，甲醇。

溶液配制方法如下：

1. 苯标准溶液（200 mg · L^{-1}）：准确移取1.1 mL苯到100 mL容量瓶中，用甲醇稀释至刻度，配得苯标准储备液（10 000 mg · L^{-1}）。准确移取5.0 mL该苯标准储备液到250 mL容量瓶中，用蒸馏水定容，配得苯标准溶液。

2. 甲苯标准溶液（200 mg · L^{-1}）：准确移取1.1 mL甲苯到100 mL容量瓶中，用甲醇稀释至刻度，配得甲苯标准储备液（10 000 mg · L^{-1}）。准确移取5.0 mL该甲苯标准储备液到250 mL容量瓶中，用蒸馏水定容，配得甲苯标准溶液。

五、实验内容与步骤

1. 纯物质挥发速率的测定

取2个称量瓶作为样品容器，量出容器的直径d，计算出截面积A。在2个容器中分别加入2 mL苯和甲苯，将容器置于电子天平上，并打开天平两边门。每隔30 s读取质量1次，共测10次，记录数据。

2. 标准曲线的绘制

取5支洁净的10 mL比色管，进行编号。用移液管准确吸取200 mg · L^{-1}苯标准溶液0.25 mL、0.5 mL、1.0 mL、1.5 mL和2.0 mL分别加入到5支比色管中，然后用蒸馏水稀释至10 mL刻度，摇匀。用1 cm比色皿，以蒸馏水作参比，在吸收波长λ为205 nm处，采用紫外－可见分光光度计测定各比色管中溶液的吸光度A。

将200 mg · L^{-1}苯标准溶液换为200 mg · L^{-1}甲苯标准溶液，用相同的方法进行甲苯标准曲线的绘制实验。

3. 水中苯系物挥发速率的测定

取2个玻璃培养皿，量出其直径d，计算出截面积A。取一定量的苯和甲苯标准溶液分别倒入到2个培养皿内，体积约占培养皿容积的1/2 ～ 2/3；量出溶液的高度，并记录温度。让苯和甲苯自然挥发，每隔10 min取样一次，每次取1.0 mL溶液至10 mL比色管，用蒸馏水稀释至刻度，摇匀。用1 cm比色皿，以蒸馏水作参比，在波长为205 nm处，采用紫外－可见分光光度计测定吸光度$A_{样}$。共测10个样。

六、实验注意事项

1. 在纯物质挥发量的测定中，应加入足够量的苯或甲苯到称量瓶中，以减少器壁高度的影响；放入电子天平后，需将天平两边门打开，以免蒸汽饱和。

2. 若室内环境温度以及相对湿度波动很大，可将电子天平的门关闭，在较短的时间间隔内进行测定，以减小其对挥发速率的影响。

七、实验数据记录与处理

1. 数据记录

将实验数据记录在下列表6.9 ～表6.13中。

（1）基本数据（表6.9）

表6.9　基本数据记录表

项目	质量（g）	直径d（mm）	截面积A（m^2）	溶液高度（mm）
称量瓶（苯）				—
称量瓶（甲苯）				—
玻璃培养皿（苯）				
玻璃培养皿（甲苯）				
实验温度（℃）				

（2）纯物质挥发量的测定（表6.10）

表6.10　纯物质挥发量的测定数据记录表

编号	1	2	3	4	5	6	7	8	9	10
挥发时间（s）										
含苯容器质量（g）										
含甲苯容器质量（g）										

（3）苯标准曲线的绘制（表6.11）

表6.11　苯标准曲线数据记录表

编号	1	2	3	4	5
苯标准溶液体积（mL）					
苯浓度（$mg \cdot L^{-1}$）					
吸光度A					

（4）甲苯标准曲线的绘制（表6.12）

表6.12　甲苯标准曲线数据记录表

编号	1	2	3	4	5
甲苯标准溶液体积（mL）					
甲苯浓度（$mg \cdot L^{-1}$）					
吸光度A					

（5）水中苯系物挥发速率的测定（表6.13）

表6.13　水中苯系物挥发速率测定记录表

编号	1	2	3	4	5	6	7	8	9	10
挥发时间（min）										
吸光度$A_{样}$										
计算苯浓度（$mg \cdot L^{-1}$）										
计算甲苯浓度（$mg \cdot L^{-1}$）										

2. 数据处理

（1）标准曲线的绘制

根据实验数据，以苯或甲苯浓度（c）为横坐标，吸光度（A）为纵坐标，用Excel（或Origin）绘制标准曲线，分别得出苯和甲苯的标准曲线回归方程$y=ax+b$以及相应的复相关系数R^2。

（2）纯物质的挥发量的确定

根据实验数据，计算出纯物质的挥发损失量（W）和挥发容器的面积（A），然后按照下式计算出挥发量（Q），将结果记录于表6.14中，最后求出Q的平均值。

$$Q=\frac{W}{A\cdot t} \tag{6.11}$$

式中，t为挥发时间。

表6.14　挥发量计算结果表

编号	1	2	3	4	5	6	7	8	9	10
苯挥发损失量W（g）										
苯挥发量Q（$g\cdot(m^2\cdot s)^{-1}$）										
$Q_{苯}$平均值（$g\cdot(m^2\cdot s)^{-1}$）										
甲苯挥发损失量W（g）										
甲苯挥发量Q（$g\cdot(m^2\cdot s)^{-1}$）										
$Q_{甲苯}$平均值（$g\cdot(m^2\cdot s)^{-1}$）										

（3）亨利系数的确定

根据表6.15数据用内插法求出苯和甲苯在实验温度下的饱和蒸汽压和溶解度，然后由亨利定律式估算纯物质苯和甲苯的亨利常数（H），计算公式如下

$$H=\frac{P}{c}=\frac{P_s\cdot M}{S} \tag{6.12}$$

式中，P_s表示在实验温度下苯和甲苯的饱和蒸汽压（Pa）；M表示苯和甲苯的摩尔质量（$g\cdot mol^{-1}$）；S表示在实验温度下苯和甲苯的溶解度（$g\cdot m^{-3}$）。

表6.15　实验温度下饱和蒸汽压和溶解度数据表

温度T（℃）	0	10	20	30	40	50	60	65	73
苯的饱和蒸气压P_s（×133.22 Pa）	26	46	76	122	184	373	394	463	600
温度T（℃）	0	20	45	50	60	70	80	100	—
甲苯的饱和蒸气压P_s（×133.22 Pa）	6.5	22	56	93.5	141.5	203	292.5	588	—
温度T（℃）	5.4	10	20	30	40	50	60	70	—

续上表

苯的溶解度S(%)	0.0335	0.041	0.057	0.082	0.114	0.155	0.205	0.270	—
温度T(℃)	0	10	20	25	30	40	50	—	—
甲苯的溶解度S(%)	0.027	0.035	0.045	0.050	0.057	0.075	0.100	—	—

(4)β值的计算

对于纯物质$\alpha=1$,将以上确定的Q值和H值代入式(6.8)中,可分别计算出苯和甲苯的β值。

(5)半衰期的计算

由样品的吸光度$A_{样}$根据标准曲线方程计算出各取样样品中苯或甲苯的浓度,再乘以稀释倍数10,即为各取样样品中苯或甲苯的实际浓度(以$mg\cdot L^{-1}$表示)。然后以$\lg\frac{c_0}{c}$为纵坐标、时间t为横坐标绘制$\lg\frac{c_0}{c}-t$图,得到直线斜率(B),按照下式分别计算出苯和甲苯的半衰期($t_{1/2}$)。

$$t_{1/2}=0.693B \tag{6.13}$$

(6)α值的计算

由样品溶液的高度(L)和已确定的β值、H值、$t_{1/2}$值按照下式分别计算出苯和甲苯的α值。

$$\alpha=\frac{0.693L}{t_{1/2}\beta\cdot H\cdot\left(\frac{M}{2\pi RT}\right)^{\frac{1}{2}}} \tag{6.14}$$

(7)挥发速率常数的确定

根据式(6.8)分别计算出苯和甲苯的传质系数(K),再由式(6.9)分别计算出苯和甲苯的挥发速率常数(K_v)。

在以上各项的数据处理中,注意单位的换算。

思考题

1. 水中有机物挥发速率的影响因素有哪些?
2. 苯和甲苯的挥发速率是否相同?为什么?
3. 实验中为什么将电子天平的双门均需打开?

实验六　苯酚的光降解速率常数

一、实验目的

1. 了解有机污染物光化学降解的基本原理和研究意义。
2. 掌握苯酚光降解速率常数的测定方法。
3. 学会苯酚光降解速率常数的确定方法。
4. 掌握4–氨基安替比林分光光度法测定苯酚的原理和方法。

二、实验原理

有机污染物在水体中的光化学降解影响其在水中的归宿，有机污染物的光化学降解产物可能还是有毒的，甚至比母体化合物毒性更大。苯酚是天然水中普遍存在的有机污染物，主要来自石油、煤气生产等工业废水的排放。天然水体中苯酚的含量经常超标，故研究天然水体中酚的降解对控制苯酚的污染具有重要的意义。

溶于水中的有机污染物在太阳光的作用下进行分解，不断产生自由基，反应过程如下

$$RH \longrightarrow H\cdot + R\cdot$$

除自由基外，水体中还存在有单态氧，使得天然水体中的有机污染物不断被氧化，最终生成CO_2、CH_4和H_2O等。因此，光降解是天然水体有机污染物的自净途径之一。

天然水体中苯酚的光降解速率，可用下式表示

$$-\frac{dc}{dt} = K'c[O_x] \tag{6.15}$$

式中，c为天然水体中苯酚的浓度；$[O_x]$为天然水体中的氧化基团（一般为定值）；K' 为系数。

对式（6.15）积分，可得

$$\ln\frac{c_0}{c} = K'[O_x]t = Kt \tag{6.16}$$

式中，c_0为天然水体中苯酚的初始浓度；c为时间为t时测得苯酚的浓度；K为苯酚的光降解速率常数。

以 $\ln\frac{c_0}{c}$ 对 t 作图，可得一条直线，求得斜率，即为苯酚的光降解速率常数 K。

本实验在含苯酚的水溶液中加入过氧化氢（H_2O_2），以模拟含苯酚天然水进行光降解实验。测定苯酚的方法主要有4–氨基安替比林分光光度法、溴化滴定法、气相色谱法等。本实验采用4–氨基安替比林分光光度法测定水样中苯酚的含量。

在pH值为10.0的碱性介质中，若有氧化剂铁氰化钾存在时，苯酚与4–氨基安替比林发生反应，生成橙红色的吲哚酚安替比林染料，其水溶液在波长 λ 为510 nm处有最大吸收。在一定浓度范围内，吸光度 A 与浓度 c 的关系符合朗伯–比尔定律，可采用分光光度法比色测定。

三、实验仪器

可见分光光度计，高压汞灯（400 W），铁架台，洗耳球，移液管，玻璃棒，烧杯（1 000 mL），容量瓶（500 mL），比色管（25 mL）等。

四、实验试剂

苯酚，4–氨基安替比林，铁氰化钾，过氧化氢（30%），氯化铵，浓氨水。

溶液配制方法如下：

1. 苯酚标准溶液（50 mg · L^{-1}）：准确称取0.250 g苯酚固体于烧杯中，溶解后转入250 mL容量瓶中，用蒸馏水定容，配得苯酚标准储备液（1 000 mg · L^{-1}）。准确移取12.5 mL该苯酚标准储备液到250 mL容量瓶中，用蒸馏水定容，配得苯酚标准溶液。

2. 4–氨基安替比林溶液（1%）：称取2.5 g 4–氨基安替比林固体于烧杯中，溶解后转入250 mL容量瓶中，用蒸馏水定容。

3. 铁氰化钾溶液（4%）：称取10.0 g铁氰化钾固体于烧杯中，溶解后转入250 mL容量瓶中，用蒸馏水定容。

4. NH_3-NH_4Cl 缓冲溶液：称取80 g氯化铵固体于烧杯中，加入400 mL浓氨水溶解。

5. H_2O_2 溶液（0.36%）：移取3.0 mL原装过氧化氢（30%）到250 mL容量瓶中，用蒸馏水定容。

五、实验内容与步骤

1. 标准曲线的绘制

取6支洁净的25 mL比色管，进行编号。用移液管准确吸取50 mg · L^{-1} 苯酚标准溶液0.0 mL、0.5 mL、1.0 mL、1.5 mL、2.0 mL和2.5 mL分别加入到6支比色管中。其中，第一支比色管中不加苯酚标准溶液（即0.0 mL）为空白试剂，用作参比溶液。然后在上述6支比色管中依次均加入少量蒸馏水、0.5 mL NH_3-NH_4Cl缓冲溶液和1.0 mL 1% 4-氨基安替比林溶液，摇匀；再均加入1.0 mL 4%铁氰化钾溶液，摇匀；最后均以蒸馏水稀释至25 mL刻度，摇匀。放置15 min后，用1 cm比色皿，以空白试剂作参比，在波长λ为510 nm处，采用可见分光光度计测定各比色管中溶液的吸光度A。

2. 待降解的苯酚溶液的配制

用移液管移取10.0 mL 1 000 mg · L^{-1}苯酚标准储备液到500 mL容量瓶中，用蒸馏水定容，配制成200 mg · L^{-1}待降解的苯酚溶液。

3. 苯酚光降解实验

（1）将500 mL 200 mg · L^{-1}待降解的苯酚溶液置于1 000 mL烧杯中，然后加入4.0 mL 0.36% H_2O_2溶液，用玻璃棒混匀，此溶液即为模拟的含苯酚天然水样。

（2）将装有模拟苯酚水样的烧杯置于高压汞灯下照射，每隔10 min取一次样，共取6次样，即t为0 min、10 min、20 min、30 min、40 min、50 min时取样。每次取样5.0 mL，分别置于25 mL比色管中。

（3）按照标准曲线绘制中的方法加入各试剂。放置15 min后，用1 cm比色皿，以空白试剂作参比，波长λ为510 nm处，采用可见分光光度计测定其吸光度$A_{水样}$。

六、实验注意事项

1. 取样时用玻璃棒搅匀后再吸取水样，取样高度每次尽量一致。
2. 防止液体飞溅到汞灯上引起爆炸，实验中人员尽量远离汞灯。

七、实验数据记录与处理

1. 数据记录

将实验数据记录在表6.16和表6.17中。

（1）标准曲线的绘制（表6.16）

表6.16　标准曲线数据记录表

编号	0	1	2	3	4	5
苯酚标准溶液体积（mL）						
苯酚浓度（mg · L^{-1}）						
吸光度A						

（2）苯酚光降解实验（表6.17）

表6.17　苯酚光降解实验数据记录表

编号	1	2	3	4	5	6
取样时间t（min）						
吸光度$A_{水样}$						

2. 数据处理

（1）标准曲线的绘制

根据实验数据，以苯酚浓度（c）为横坐标，吸光度（A）为纵坐标，用Excel（或Origin）绘制标准曲线，得出标准曲线的回归方程$y=ax+b$和复相关系数R^2。

（2）取样水样中苯酚含量的确定

由取样的吸光度$A_{水样}$根据标准曲线方程计算出各取样水样中苯酚的浓度，然后乘以稀释倍数5，即为各取样水样中苯酚的实际浓度（以$mg \cdot L^{-1}$表示）。将计算结果填入表6.18中。

（3）苯酚光降解速率常数的确定

以$\ln\frac{c_0}{c}$为纵坐标、t为横坐标作图，求得斜率值，即为苯酚的光降解速率常数K。

表6.18　取样水样中苯酚含量计算结果表

苯酚初始浓度c_0（$mg \cdot L^{-1}$）						
取样时间t（min）						
不同取样时间苯酚浓度c（$mg \cdot L^{-1}$）						
$\ln\frac{c_0}{c}$						

思　考　题

1. 苯酚光降解速率的影响因素有哪些？
2. 模拟含苯酚水样中为什么要加入H_2O_2溶液？
3. 在苯酚的测定中，使苯酚与4-氨基安替比林发生显色反应的前提条件是什么？
4. 为了得到较好的实验数据，实验操作过程中需注意些什么？

第二节　拓展类实验

实验七　水体自净程度的指标

一、实验目的

1. 了解测定“三氮”对环境化学研究的作用和意义。
2. 掌握“三氮”测定的基本原理和方法。
3. 学会评价水体的自净程度。

二、实验原理

各种形态氮的相互转化和氮循环的平衡变化是环境化学和生态系统研究的重要内容之一。水体中氮的主要来源于生活污水、某些工业废水以及农业面源。当水体受到含氮有机物污染时，由于含氮化合物在水中微生物和氧的作用下，可以逐步分解氧化为无机的氨（NH_3）或铵（NH_4^+）、亚硝酸盐（NO_2^-）、硝酸盐（NO_3^-）等简单的无机含氮化合物。其中，氨和铵中的氮称为氨氮，亚硝酸盐中的氮称为亚硝酸盐氮，硝酸盐中的氮称为硝酸盐氮；通常把氨氮、亚硝酸盐氮和硝酸盐氮称为“三氮”。这几种形态氮的含量都可以作为水质指标，分别代表有机氮转化为无机氮的各个不同阶段。

在有氧条件下，氮的生物氧化分解产物一般按氨或铵、亚硝酸盐、硝酸盐的顺序进行，硝酸盐是氧化分解的最终产物。随着含氮化合物的逐步氧化分解，水体中的细菌和其他有机污染物也逐步分解破坏，因而达到水体的净化作用。氨氮、亚硝酸盐氮和硝酸盐氮的相对含量，在一定程度上可以反映含氮有机物污染的时间长短，对了解水体污染历史、分解趋势以及水体自净程度等有一定的参考价值。水体中“三氮”检出的环境化学意义见表6.19。

表6.19　水体中“三氮”检出的环境化学意义

氨氮	亚硝酸盐氮	硝酸盐氮	“三氮”检出的环境化学意义
×	×	×	清洁水
√	×	×	水体受到新近污染
√	√	×	水体受到污染不久，且污染物正在分解中
×	√	×	污染物已经分解，但未完全自净

续上表

氨氮	亚硝酸盐氮	硝酸盐氮	“三氮”检出的环境化学意义
×	√	√	污染物已基本分解完全，但未自净
×	×	√	污染物已无机化，水体已基本自净
√	×	√	有新近污染，在此之前的污染已基本自净
√	√	√	以前受到污染，正在自净过程中，且又有新污染

注：表中“√”表示检出，“×”表示无检出。

目前测定“三氮”的常用方法主要是分光光度法，其中，氨氮的测定采用纳氏试剂分光光度法，亚硝酸盐氮的测定采用盐酸萘乙二胺分光光度法，硝酸盐氮的测定采用二磺酸酚分光光度法。

氨与纳氏试剂反应生成黄色的配合物，在吸收波长λ为425 nm处，可采用分光光度法比色测定氨氮，其吸光度A与浓度c的关系符合朗伯－比尔定律。

在pH为2.0 ～ 2.5时，亚硝酸盐与对氨基苯磺酸生成重氮盐，再与盐酸萘乙二胺偶联生成红色染料。在吸收波长λ为540 nm处，可采用分光光度法比色测定亚硝酸盐氮，其吸光度A与浓度c的关系符合朗伯－比尔定律。

浓硫酸与酚作用生成二磺酸酚，在无水条件下二磺酸酚与硝酸盐作用生成二磺酸硝基酚，其在碱性溶液中发生分子重排生成黄色化合物。在吸收波长λ为410 nm处，可采用分光光度法比色测定硝酸盐氮，其吸光度A与浓度c的关系符合朗伯－比尔定律。

三、实验仪器

可见分光光度计，恒温水浴锅，蒸发皿，pH试纸，玻璃棒，洗耳球，移液管，容量瓶（100 mL）、比色管（50 mL）等。

四、实验试剂

氯化铵，酒石酸钾钠，碘化钾，氯化汞，氢氧化钾，亚硝酸钠，对氨基苯磺酸，冰乙酸，盐酸萘乙二胺，硝酸钾，苯酚，浓硫酸，浓氨水，高锰酸钾。

溶液配制方法如下：

1. 铵标准溶液（10 mg·L^{-1}）：准确称取0.381 9 g氯化铵固体于烧杯中，溶解后转入100 mL容量瓶中，用蒸馏水定容，配得铵标准储备液（1 000 mg·L^{-1}）。准确移取10.0 mL该铵标准储备液到1 000 mL容量瓶中，用蒸馏水定容，配得铵标准溶液（氨氮含量为10 mg·L^{-1}）。

2. 酒石酸钾钠溶液（50%）：称取125 g酒石酸钾钠固体于烧杯中，加热溶解，冷却后转入250 mL容量瓶中，用蒸馏水定容。

3. 纳氏试剂：取3个200 mL烧杯，进行编号；称取25 g碘化钾固体于1号烧杯中，加入25 mL蒸馏水将其溶解；称取12.5 g氯化汞固体于2号烧杯中，加入200 mL蒸馏水，加热将其溶解；称取75 g氢氧化钾固体于3号烧杯中，加入150 mL蒸馏水将其溶解。待上述溶液冷却后，将2号烧杯中溶液缓缓加入到1号烧杯中，并不断搅拌至略有朱红色沉淀为止；然后转入500 mL容量瓶，将3号烧杯中溶液也转入该容量瓶中，完全冷却后用蒸馏水定容。将混合液转移到试剂瓶中，静置1 d后将上清液转入另一试剂瓶中，即配得纳氏试剂。

4. 亚硝酸盐标准溶液（$1.0\ mg \cdot L^{-1}$）：准确称取0.123 2 g亚硝酸钠固体于烧杯中，溶解后转入100 mL容量瓶中，用蒸馏水定容，配得亚硝酸盐标准储备液（$250\ mg \cdot L^{-1}$）。准确移取2.0 mL该亚硝酸盐标准储备液到500 mL容量瓶中，用蒸馏水定容，配得亚硝酸盐标准溶液（亚硝酸盐氮含量为$1.0\ mg \cdot L^{-1}$）。

5. 盐酸萘乙二胺显色剂：称取5.0 g对氨基苯磺酸固体于1 000 mL烧杯中，加入50 mL冰乙酸和900 mL蒸馏水的混合液，加热溶解；再加入0.05 g盐酸萘乙二胺，搅拌溶解，冷却后转入1 000 mL容量瓶中，用蒸馏水定容，即配得盐酸萘乙二胺显色剂。

6. 二磺酸酚：称取15 g苯酚固体于250 mL锥形瓶中，缓慢加入100 mL浓硫酸，瓶上放漏斗，置于沸水浴中加热6 h，即配得二磺酸酚。

7. 硝酸盐标准溶液（$20\ mg \cdot L^{-1}$）：准确称取0.180 5 g硝酸钾固体于烧杯中，溶解后转入250 mL容量瓶中，用蒸馏水定容，配得硝酸盐标准储备液（$100\ mg \cdot L^{-1}$）。准确移取100.0 mL该硝酸盐标准储备液置于蒸发皿中，沸水浴中蒸干，加4.0 mL二磺酸酚，用玻璃棒研磨，使试剂与残渣充分接触；静置10 min，加少量蒸馏水，搅匀后转入500 mL容量瓶中，用蒸馏水定容，配得硝酸盐标准溶液（硝酸盐氮含量为$20\ mg \cdot L^{-1}$）。

8. H_2SO_4溶液（$0.5\ mol \cdot L^{-1}$）：移取2.8 mL浓硫酸到盛有一定量蒸馏水的100 mL容量瓶中，冷却后用蒸馏水定容。

9. $KMnO_4$溶液（$0.05\ mol \cdot L^{-1}$）：称取0.16 g高锰酸钾固体于烧杯中，溶解后转入100 mL容量瓶中，用蒸馏水定容。

10. 待测水样：分别移取5 ~ 10 mL铵标准储备液（$100\ mg \cdot L^{-1}$）、0.5 ~ 1.0 mL亚硝酸盐标准储备液（$100\ mg \cdot L^{-1}$）和5 ~ 10 mL硝酸盐标准储备液（$100\ mg \cdot L^{-1}$）到1 000 mL容量瓶中，用自来水定容。

五、实验内容与步骤

1. 氨氮的测定

（1）标准曲线的绘制

取7支洁净的50 mL比色管，进行编号。用移液管准确吸取10 mg · L^{-1}铵标准溶液0.0 mL、1.0 mL、2.0 mL、3.0 mL、5.0 mL、7.0 mL和10.0 mL分别加入到7支比色管中。其中，第一支比色管中不加铵标准溶液（即0.0 mL）为空白试剂，用作参比溶液。然后将上述7支比色管中溶液均用蒸馏水稀释至50 mL刻度，再均加入1.0 mL 50%酒石酸钾钠溶液，摇匀；然后均加入1.5 mL纳氏试剂，摇匀。放置10 min后，用1 cm比色皿，以空白试剂作参比，在波长λ为425 nm处，采用可见分光光度计测定各比色管中溶液的吸光度A。

（2）水样中氨氮含量的测定

准确移取50.0 mL待测水样至50 mL比色管中，按照标准曲线绘制中的方法加入各试剂。放置10 min后，用1 cm比色皿，以空白试剂作参比，波长λ为425 nm处，采用可见分光光度计测定其吸光度$A_{水样}$。

2. 亚硝酸盐氮的测定

（1）标准曲线的绘制

取7支洁净的50 mL比色管，进行编号。用移液管准确吸取1.0 mg · L^{-1}亚硝酸盐标准溶液0.0 mL、0.5 mL、1.0 mL、2.0 mL、3.0 mL、4.0 mL和5.0 mL分别加入到7支比色管中。其中，第一支比色管中不加亚硝酸盐标准溶液（即0.0 mL）为空白试剂，用作参比溶液。然后将上述7支比色管中溶液均用蒸馏水稀释至50 mL刻度，再均加入2.0 mL盐酸萘乙二胺显色剂，摇匀。放置20 min后，用2 cm比色皿，以空白试剂作参比，在波长λ为540 nm处，采用可见分光光度计测定各比色管中溶液的吸光度A。

（2）水样中亚硝酸盐氮含量的测定

准确移取50.0 mL待测水样至50 mL比色管中，按照标准曲线绘制中的方法加入各试剂。放置20 min后，用2 cm比色皿，以空白试剂作参比，波长λ为540 nm处，采用可见分光光度计测定其吸光度$A_{水样}$。

3. 硝酸盐氮的测定

（1）标准曲线的绘制

取7支洁净的50 mL比色管，进行编号。用移液管准确吸取20 mg · L^{-1}硝酸盐标准溶液0.0 mL、1.0 mL、1.5 mL、2.0 mL、2.5 mL、3.0 mL和4.0 mL分别加入到7支比色管中。其中，第一支比色管中不加硝酸盐标准溶液（即0.0 mL）为空白试剂，用作参比溶液。然后在上述7支比色管中均依次加入1.0 mL二磺酸酚、3.0 mL浓氨水，用蒸馏水稀释至50 mL刻度，摇匀。放置5 min后，用1 cm比色皿，以空白试剂作参比，在波长λ为410 nm处，采用可见分光光度计测定各比色管中溶液的吸光度A。

（2）水样中硝酸盐氮含量的测定

取水样至100 mL容量瓶的刻度线，加入1.0 mL 0.5 mol·L^{-1} H_2SO_4溶液，混合均匀后滴加0.05 mol·L^{-1} $KMnO_4$溶液，至淡红色出现并保持15 min不褪为止，使亚硝酸盐完全氧化转变为硝酸盐，以除去亚硝酸盐氮的影响。

准确吸取50.0 mL上述经预处理后的水样至蒸发皿内，置于恒温水浴锅中蒸干。取下蒸发皿，加入1.0 mL二磺酸酚，用玻璃棒研磨，使试剂与蒸发皿内残渣充分接触，静置10 min，加入少量蒸馏水，搅匀后转入到50 mL比色管中；然后加入3.0 mL浓氨水，用蒸馏水稀释至50 mL刻度，摇匀。放置5 min后，用1 cm比色皿，以空白试剂作参比，波长λ为410 nm处，采用可见分光光度计测定其吸光度$A_{水样}$。

六、实验注意事项

1. 本实验待测水样为自配的清洁水样，可按照实验步骤中方法直接进行分光光度测定；当水样受到污染、浑浊、色度深或氯离子浓度较高时，需经不同的预处理后再进行相应的分光光度测定。

2. 氨氮测定中，纳氏试剂显色后溶液的颜色会随时间而变化，故需在较短时间内完成测定。

3. 硝酸盐氮标准曲线绘制中，浓氨水需沿壁缓慢加入到比色管中，以免产生飞溅。

4. 二磺酸酚腐蚀性非常强，使用时需注意。

5. 硝酸盐氮测定中，可在水样经恒温水浴锅中蒸干的时间内进行标准曲线的绘制实验。

七、实验数据记录与处理

1. 数据记录

将实验数据记录在表6.20 ~表6.22中。

（1）氨氮标准曲线的绘制（表6.20）

表6.20 氨氮标准曲线数据记录表

编号	0	1	2	3	4	5	6	水样
铵标准溶液体积(mL)								—
铵浓度($mg \cdot L^{-1}$)								—
吸光度A								

(2)亚硝酸盐氮标准曲线的绘制(表6.21)

表6.21 亚硝酸盐氮标准曲线数据记录表

编号	0	1	2	3	4	5	6	水样
亚硝酸盐标准溶液体积(mL)								—
亚硝酸盐浓度($mg \cdot L^{-1}$)								—
吸光度A								

(3)硝酸盐氮标准曲线的绘制(表6.22)

表6.22 硝酸盐氮标准曲线数据记录表

编号	0	1	2	3	4	5	6	水样
硝酸盐标准溶液体积(mL)								—
硝酸盐浓度($mg \cdot L^{-1}$)								—
吸光度A								

2. 数据处理

(1)标准曲线的绘制

根据实验数据，以浓度(c)为横坐标，吸光度(A)为纵坐标，用Excel(或Origin)分别绘制氨氮、亚硝酸盐氮、硝酸盐氮的标准曲线，得出相应的标准曲线的回归方程$y=ax+b$和复相关系数R^2。

(2)水样中氨氮、亚硝酸盐氮、硝酸盐氮含量的确定

由水样的吸光度$A_{水样}$根据标准曲线方程分别计算出水样中氨氮、亚硝酸盐氮、硝酸盐氮的浓度。其中，氨氮和亚硝酸盐氮的浓度即为待测水样中氨氮和亚硝酸盐氮的含量(以$mg \cdot L^{-1}$表示)；硝酸盐氮浓度减去亚硝酸盐氮浓度即为待测水样中硝酸盐氮的含量(以$mg \cdot L^{-1}$表示)。

(3)水体自净程度的分析

根据水样中氨氮、亚硝酸盐氮、硝酸盐氮的含量，评价水体的自净程度。

思 考 题

1. 若水体中仅含有硝酸盐氮，而氨氮和亚硝酸盐氮未检出，说明水体自净作用进行到什么阶段？若水体中既有大量氨氮，又有大量硝酸盐氮，水体污染和自净状况又如何？

2. 氨氮标准曲线绘制中，加入酒石酸钾钠溶液的作用是什么？

3. 硝酸盐氮标准曲线绘制中，加入浓氨水的作用是什么？

4. 水样中硝酸盐氮测定中，加入$KMnO_4$溶液进行预处理的目的是什么？

实验八　有机物的正辛醇－水分配系数

一、实验目的

1. 了解正辛醇－水分配系数在评价有机物环境行为方面的重要性。
2. 掌握有机物的正辛醇－水分配系数的测定原理和方法。
3. 巩固紫外－可见分光光度计的操作使用方法。

二、实验原理

正辛醇是一种长链烷烃醇，在结构上与生物体内的碳水化合物和脂肪类似，故可用正辛醇－水分配系数来模拟和研究生物－水体系。有机化合物的正辛醇－水分配系数（K_{ow}）是指平衡状态下化合物在正辛醇相和水相中浓度的比值，它反映了化合物在水相和有机相之间的迁移能力，是描述有机化合物在环境中行为的重要物理化学参数。正辛醇－水分配系数越大，表明有机化合物越易溶于非极性介质中，越易被生物体细胞吸收。正辛醇－水分配系数与有机化合物的水溶性、土壤沉积物吸附常数、生物富集因子以及毒理学性质等密切相关。通过对某一有机化合物正辛醇－水分配系数的测定，可提供该有机化合物在环境行为方面许多重要的信息，特别是对于评价有机物在环境中的危险性起着重要作用。

根据定义，正辛醇－水分配系数的表达式为

$$K_{ow}=\frac{c_o}{c_w} \tag{6.17}$$

式中，K_{ow}为正辛醇－水分配系数；c_o为平衡时有机化合物在正辛醇相中的浓度；c_w为平衡时有机化合物在水相中的浓度。

测定正辛醇－水分配系数的方法主要有振荡法、产生柱法和高效液相色谱法。其中，振荡法测定正辛醇－水分配系数时速度较快，但存在有机物易形成胶体颗粒、挥发、吸附等缺点；振荡法仅限于测定$\lg K_{ow}<5$的有机化合物，对于疏水性强的有机化合物通常采用产生柱法进行测定。本实验采用振荡法测定有机化合物对二甲苯的正辛醇－水分配系数。

通过振荡，对二甲苯在正辛醇相和水相中达平衡，然后进行离心，测定水相中对二甲苯的浓度，由此求得对二甲苯的正辛醇－水分配系数。计算公式如下

$$K_{ow}=\frac{c_oV_o-c_wV_w}{c_wV_o} \tag{6.18}$$

式中，K_{ow}表示对二甲苯的正辛醇–水分配系数；c_0表示对二甲苯在正辛醇相中的初始浓度（μL·L^{-1}）；c_w表示达到平衡时对二甲苯在水相中的浓度（μL·L^{-1}）；V_o、V_w分别表示正辛醇相和水相的体积（mL）。

三、实验仪器

紫外–可见分光光度计，恒温振荡器，低速离心机，洗耳球，移液管，玻璃注射器（5 mL），离心管（10 mL），比色管（10 mL，25 mL）等。

四、实验试剂

正辛醇，对二甲苯，乙醇（95%）。

溶液配制方法如下：

1. 对二甲苯标准储备液（100 mL·L^{-1}）：准确移取1.0 mL对二甲苯到10 mL容量瓶中，用乙醇定容，配得对二甲苯标准储备液。

2. 对二甲苯标准溶液（400 μL·L^{-1}）：准确移取0.1 mL对二甲苯标准储备液到25 mL容量瓶中，用乙醇定容，配得对二甲苯标准溶液。

3. 预饱和溶剂：取20 mL正辛醇与200 mL蒸馏水于碘量瓶中，在室温下置于恒温振荡器内振荡24 h，使二者相互饱和。静止分层后，用分液漏斗将两相分离，分别称为被水饱和的正辛醇溶剂、被正辛醇饱和的水溶剂。

五、实验内容与步骤

1. 标准曲线的绘制

取5支洁净的25 mL比色管，进行编号。用移液管准确吸取400 μL·L^{-1}对二甲苯标准溶液1.0 mL、2.0 mL、3.0 mL、4.0 mL和5.0 mL分别加入到5支比色管中，然后用蒸馏水稀释至25 mL刻度，摇匀。用1 cm比色皿，以蒸馏水作参比，在吸收波长λ为227 nm处，采用紫外–可见分光光度计测定各比色管中溶液的吸光度A。

2. 平衡时间的确定和分配系数的测定

（1）准确移取0.4 mL对二甲苯于10 mL比色管中，用被水饱和的正辛醇稀释至刻度，该溶液浓度为40 mL·L^{-1}。

（2）分别准确移取1.0 mL上述溶液于6支10 mL比色管中，用被正辛醇饱和的水稀释至刻度，盖紧塞子。将6支比色管置于恒温振荡器内，室温下分别振荡0.5 h、1.0 h、1.5 h、2.0 h、2.5 h和3.0 h；每个时间点取出一支比色管，将溶液倒入离心管中，在低速离心机上以3 000 r·min^{-1}速度离心5 min后，吸取水相中水样于1 cm比色皿中。以蒸馏水作参比，吸收波长λ为227 nm处，采用紫外–可见分光光度计测定水相的吸光度$A_{水相}$。

取水样时，为了避免正辛醇的污染，可利用带针头的玻璃注射器移取水样，即：首先在玻璃注射器内吸入部分空气，当注射器通过正辛醇相时，轻轻排出空气，当在水相中吸取足够的溶液后，迅速抽出注射器，卸下针头，即可获得无正辛醇污染的水相。

六、实验注意事项

1. 正辛醇的气味较大，实验时操作速度要快，防止太多的气味逸出。
2. 测定水相吸光度时，取样时注意避免吸到上层正辛醇溶液。

七、实验数据记录与处理

1. 数据记录

将实验数据记录在表6.23和表6.24中。

（1）标准曲线的绘制（表6.23）

表6.23　标准曲线绘制数据记录表

编号	1	2	3	4	5
对二甲苯标准溶液体积（mL）					
对二甲苯浓度（μL·L^{-1}）					
吸光度A					

（2）平衡时间的确定和分配系数的测定（表6.24）

表6.24　平衡时间的确定和分配系数的测定

编号	1	2	3	4	5	6
振荡时间（min）						
吸光度$A_{水相}$						
计算对二甲苯浓度（μL·L^{-1}）						

2. 数据处理

（1）标准曲线的绘制

根据实验数据，以对二甲苯浓度（c）为横坐标，吸光度（A）为纵坐标，用Excel（或Origin）绘制标准曲线，得出标准曲线回归方程$y=ax+b$以及相应的复相关系数R^2。

（2）平衡时间的确定

由水样的吸光度$A_{水相}$根据标准曲线方程计算出水相中对二甲苯的浓度（以

μL·L^{-1}表示）。然后以不同时间点水相中对二甲苯浓度（c）为纵坐标、时间t为横坐标，绘制对二甲苯平衡浓度随时间的变化曲线，由此确定对二甲苯在正辛醇相和水相中达到平衡所需要的时间，即平衡时间。

（3）正辛醇–水分配系数的确定

利用达到平衡时对二甲苯在水相中的浓度，根据式（6.18）计算出对二甲苯的正辛醇–水分配系数。

思考题

1. 测定正辛醇–水分配系数对有机化合物在环境中行为有何意义？

2. 振荡法测定化合物的正辛醇–水分配系数有哪些优缺点？

3. 振荡法测定正辛醇–水分配系数时，吸取水相中水样时需注意什么？如何取样？

实验九　底泥对苯酚的吸附作用

一、实验目的

1. 了解水体中底泥的环境化学意义及其对有机污染物的吸附机理。
2. 掌握吸附实验的基本操作方法。
3. 学会绘制吸附等温线和评价吸附能力。

二、实验原理

水体中有机污染物的迁移转化途径很多，如挥发、扩散、吸附、化学分解以及微生物降解等，其中底泥和悬浮颗粒物的吸附作用对有机污染物的迁移、转化、归趋以及生物效应有着重要影响，在某种程度上起着决定作用。底泥对有机物的吸附机理主要包括表面吸附和分配作用。

苯酚是化学工业的基本原料，也是水体中常见的有机污染物。底泥对苯酚的吸附作用与其组成、结构等有关，吸附作用的强弱可用吸附系数表示。探讨底泥对苯酚的吸附作用对了解苯酚在水与沉积物多介质的环境化学行为乃至水污染防治都具有重要的意义。

本实验通过底泥对一系列不同浓度苯酚的吸附情况，计算出平衡浓度和相应的吸附量，绘制等温吸附曲线，分析底泥的吸附性能和机理。

本实验采用4–氨基安替比林分光光度法测定苯酚的含量，即：在pH值为10.0的碱性介质中，铁氰化钾存在时，苯酚与4–氨基安替比林发生反应，生成橙红色的吲哚酚安替比林染料，其水溶液在波长λ为510 nm处有最大吸收，吸光度A与浓度c的关系符合朗伯–比尔定律，可采用分光光度法比色测定。

三、实验仪器

电子天平，恒温振荡器，低速离心机，可见分光光度计，洗耳球，移液管，碘量瓶（150 mL），离心管（50 mL），比色管（50 mL）等。

四、实验试剂

苯酚，4–氨基安替比林，铁氰化钾，氯化铵，浓氨水，底泥。

溶液配制方法如下：

1. 苯酚标准溶液（10 mg·L^{-1}）：准确称取0.250 g苯酚固体于烧杯中，溶解后转入250 mL容量瓶中，用蒸馏水定容，配得苯酚标准储备液（1 000 mg·L^{-1}）。准确移取10.0 mL该苯酚标准储备液到1 000 mL容量瓶中，用蒸馏水定容，配得苯酚标准溶液。

2. 苯酚使用液（2 000 mg • L^{-1}）：称取1.0 g苯酚固体于烧杯中，溶解后转入500 mL容量瓶中，用蒸馏水定容，配得苯酚使用液。

3. 4–氨基安替比林溶液（2%）：称取5.0 g 4–氨基安替比林固体于烧杯中，溶解后转入250 mL容量瓶中，用蒸馏水定容。

4. 铁氰化钾溶液（8%）：称取20.0 g铁氰化钾固体于烧杯中，溶解后转入250 mL容量瓶中，用蒸馏水定容。

5. NH_3-NH_4C1缓冲溶液：称取80 g氯化铵固体于烧杯中，加入400 mL浓氨水溶解。

6. 底泥：采集河道的表层底泥，去除砂砾和植物残体等大块儿物，于室温下风干；然后用研钵碾碎，过80目筛，装瓶备用。

五、实验内容与步骤

1. 标准曲线的绘制

取8支洁净的50 mL比色管，进行编号。用移液管准确吸取10 mg • L^{-1} 苯酚标准溶液0.0 mL、1.0 mL、3.0 mL、5.0 mL、7.0 mL、10.0 mL、12.0 mL和15.0 mL分别加入到8支比色管中。其中，第一支比色管中不加苯酚标准溶液（即0.0 mL）为空白试剂，测得吸光度记为A_0。然后将上述8支比色管中溶液均用蒸馏水稀释至50 mL刻度，再均加入0.5 mL NH_3-NH_4C1缓冲溶液，摇匀；然后均加入1.0 mL 2% 4–氨基安替比林溶液，摇匀；再均加入1.0 mL 8%铁氰化钾溶液，充分摇匀。放置10 min后，用2 cm比色皿，以蒸馏水作参比，在波长λ为510 nm处，采用可见分光光度计测定各比色管中溶液的吸光度A。

2. 吸附实验

（1）分别准确称取1.00　g左右的底泥样品（精确至小数点后第四位）置于6支洁净的150 mL碘量瓶中。然后按照表6.25中相应数据向每个瓶中加入一定体积的2 000 mg • L^{-1}苯酚使用液和蒸馏水，加塞密封并摇匀。

表6.25　苯酚使用液加入和移取体积数表

编号	1	2	3	4	5	6
苯酚使用液加入体积（mL）	1.0	3.0	6.0	12.5	20.0	25.0
蒸馏水加入体积（mL）	24.0	22.0	19.0	12.5	5.0	0.0
计算苯酚初始浓度ρ_0（mg • L^{-1}）	80	240	480	1 000	1 600	2 000
离心后移取溶液体积（mL）	4.0	2.0	1.0	0.5	0.5	0.5
计算稀释倍数n	62.5	125	250	500	500	500

（2）将上述碘量瓶置于恒温振荡器中，在温度为25 ℃下，以150 r • min^{-1}的转速振荡6 h后，静置30 min。取悬浮液置于50 mL离心管中，在低速离心机上以3 000 r • min^{-1}速度离心5 min后。准确移取上清液10.0 mL至50 mL比色管中，用蒸馏水稀释至50 mL刻度，摇匀。

（3）按照表6.25中相应数据移取一定体积的溶液至50 mL比色管中，用蒸馏水稀释至50 mL刻度。

（4）按照标准曲线绘制中的方法加入各试剂。放置10 min后，用2 cm比色皿，以蒸馏水作参比，波长λ为510 nm处，采用可见分光光度计测定各比色管中样品溶液的吸光度$A_{样}$。

六、实验注意事项

1. 吸附实验加入和移取溶液的体积时应严格按照表6.25中数据准确量取。

2. 吸附实验完成后，取悬浮液时，需注意不要将沉于碘量瓶底部的底泥倒入离心管中；且尽量将悬浮液全部转入到离心管中，保持每个离心管的重量基本一致后方可进行离心。

3. 离心完成后，移取上清液时要小心，切勿将溶液搅浑。

4. 本实验中振荡时间取为6 h是由另外的吸附实验确定出的平衡时间，底泥来源不同，振荡平衡时间会有所不同。

七、实验数据记录与处理

1. 数据记录

将实验数据记录在表6.26中。

表6.26　实验数据记录表

编号	0	1	2	3	4	5	6	7
苯酚标准溶液体积（mL）								
苯酚浓度（mg • L^{-1}）								
吸光度A								
$A-A_0$								

2. 数据处理

（1）标准曲线的绘制

根据实验数据，以苯酚浓度（c）为横坐标，吸光度（A–A_0）为纵坐标，用Excel（或Origin）绘制标准曲线，得出标准曲线的回归方程$y=ax+b$和复相关系数R^2。

（2）底泥对苯酚吸附量的确定

由每个碘量瓶取样的吸光度（$A_{样}-A_0$）根据标准曲线方程计算出各样品溶液中苯酚的浓度，然后乘以表6.25中相应的稀释倍数，即为各样品溶液中苯酚的平衡浓度（以$mg\cdot L^{-1}$表示）。计算公式如下

$$\rho_e=\rho\times n \tag{6.19}$$

式中，ρ_e表示振荡平衡后样品溶液中苯酚的平衡浓度（$mg\cdot L^{-1}$）；ρ表示由标准曲线方程计算的测量浓度（$mg\cdot L^{-1}$）；n表示样品溶液的稀释倍数。

吸附平衡后底泥对苯酚吸附量的计算公式如下

$$Q=\frac{(\rho_0-\rho_e)\times V}{W\times 1\ 000} \tag{6.20}$$

式中，Q表示苯酚在底泥样品上的吸附量（$mg\cdot g^{-1}$）；ρ_0表示吸附前加入苯酚使用液后样品溶液中苯酚的初始浓度（$mg\cdot L^{-1}$）；ρ_e表示振荡平衡后样品溶液中苯酚的平衡浓度（$mg\cdot L^{-1}$）；V表示吸附前加入苯酚使用液和蒸馏水的总体积（mL）；W表示称取底泥样品的质量（g）。

（3）吸附等温线的绘制

根据式（6.19）和式（6.20）分别计算出平衡浓度（ρ_e）和吸附量（Q），以Q为纵坐标、ρ_e为横坐标绘制底泥对苯酚的吸附等温线。将计算结果填入表6.27中。

表6.27　吸附等温线计算结果表

编号	1	2	3	4	5	6
平衡浓度ρ_e（$mg\cdot L^{-1}$）						
吸附量Q（$mg\cdot g^{-1}$）						

（4）底泥吸附能力的分析

弗里德里希吸附经验方程式为

$$Q=K\rho_e^n \tag{6.21}$$

式中，K为吸附系数；n为常数。

将式（6.21）两边取对数，可得

$$\lg Q=n\lg\rho_e+\lg K \tag{6.22}$$

以 $\lg Q$ 为纵坐标，$\lg \rho_e$ 为横坐标作图，可得一直线的回归方程；根据斜率和截距分别求出吸附经验方程式中的 K 及 n，以此分析底泥对苯酚的吸附能力。根据直线回归方程的复相关系数 R^2 评价采用弗里德里希吸附经验方程式描述底泥对苯酚等温吸附的准确性。

思 考 题

1. 影响底泥对苯酚吸附系数大小的因素有哪些？
2. 常用的吸附等温线有哪些？哪种吸附方程更能准确描述底泥对苯酚的吸附？
3. 吸附一般可以分为哪几类？底泥对苯酚的吸附属于哪类吸附？

参考文献

[1] 范文琴，王炜．基础化学实验[M]．北京：中国铁道出版社，2007.

[2] 姜涛，金惠玉，杜宇虹，等．基础化学实验教程[M]．哈尔滨：哈尔滨工业大学出版社，2012.

[3] 葛秀涛．化学科学实验基础[M]．合肥：中国科学技术大学出版社，2012.

[4] 张开诚．化学实验教程[M]．武汉：华中科技大学出版社，2014.

[5] 古映莹，郭丽萍．无机化学实验[M]．北京：科学出版社，2013.

[6] 崔爱莉．基础无机化学实验[M]．北京：清华大学出版社，2018.

[7] 牟文生．无机化学实验[M]．3版．北京：高等教育出版社，2014.

[8] 四川大学化工学院，浙江大学化学系．分析化学实验[M]．3版．北京：高等教育出版社，2003.

[9] 李莉，徐蕾，崔凤娟．分析化学实验[M]．哈尔滨：哈尔滨工业大学出版社，2016.

[10] 李红英，全晓塞．分析化学实验[M]．北京：化学工业出版社，2018.

[11] 郗英欣，白艳红．有机化学实验[M]．西安：西安交通大学出版社，2014.

[12] 姜艳，韩国防．有机化学实验[M]．2版．北京：化学工业出版社，2010.

[13] 蒋华江，朱仙弟．基础实验Ⅱ（有机化学实验）[M]．杭州：浙江大学出版社，2012.

[14] 郭艳玲，刘雁红，崔玉红，等．有机及物理化学实验[M]．天津：天津大学出版社，2008.

[15] 蔡邦宏．物理化学实验教程[M]．南京：南京大学出版社，2010.

[16] 张军，宋帮才，关振民．物理化学实验[M]．北京：化学工业出版社，2009.

[17] 邱金恒，孙尔康，吴强．物理化学实验[M]．北京：高等教育出版社，2010.

[18] 史伟，银玉容．环境科学综合实验[M]．北京：科学出版社，2016.

[19] 李元．环境科学实验教程[M]．北京：中国环境科学出版社，2007.

[20] 朱启红，王书敏，曹优明．环境科学与工程综合实验[M]．成都：西南交通大学出版社，2013.

[21] 唐琼,成英. 环境科学与工程综合实验[M]. 北京:科学出版社,2015.
[22] 董德明,朱利中. 环境化学实验[M]. 2版. 北京:高等教育出版社,2009.
[23] 江锦花. 环境化学实验[M]. 北京:化学工业出版社,2011.
[24] 吴峰. 环境化学实验[M]. 武汉:武汉大学出版社,2014.
[25] 国家环境保护总局《水与废水监测分析方法》编委会. 水与废水监测分析方法[M]. 4版. 北京:中国环境科学出版社,2002.